黑龙江省煤矿特种作业人员安全技术培训教材

煤矿采煤机操作工

主编　张凤东　郝万年

煤 炭 工 业 出 版 社

· 北　京 ·

内 容 提 要

　　本书主要介绍了煤矿安全生产法律法规、主要灾害事故防治、采煤机操作工职业特殊性、职业病防治、采煤技术、采煤机的安全使用、运输安全、支护安全、机电安全及操作技能等。

　　本书主要作为煤矿采煤机操作工的安全技术培训通用教材，尤其是综合机械化采煤机操作工，可作为学习的首选教材，亦可供煤矿企业有关机采管理人员、工程技术人员及相关工种人员学习参考。

《黑龙江省煤矿特种作业人员安全技术培训教材》

编 委 会

《煤矿采煤机操作工》编审委员会

主　编　张凤东　郝万年

副主编　张子曦　张锡清

编　写　栾允超　孟校平　周平福　张承丽　邵建涛

主　审　陈　辉

前　　言

做好煤矿安全生产工作，维护矿工生命财产安全是贯彻习近平总书记提出的红线意识和底线意识的必然要求，是立党为公、执政为民的重要体现，是各级政府履行社会管理和公共服务职能的重要内容。党中央国务院历来对煤矿安全生产工作十分重视，相继颁布了《安全生产法》《矿山安全法》《煤炭法》等有关煤矿安全生产的法律法规。

煤矿生产的特殊环境决定了煤矿安全生产工作必然面临巨大的压力和挑战。而我省煤矿地质条件复杂，从业人员文化素质不高，导致我省煤矿安全生产形势不容乐观。因此，我们必须牢记"安全第一，预防为主，综合治理"的安全生产方针，坚持"管理、装备、培训"三并重的原则，认真贯彻"煤矿矿长保护矿工生命安全七条规定"和"煤矿安全生产七大攻坚举措"，不断强化各类企业、各层面人员的安全生产意识，提高安全预防能力和水平。

众所周知，煤矿从业人员的基本素质是影响煤矿安全生产诸多因素中非常重要的因素之一。因此，加强煤矿从业人员安全教育和安全生产技能培训，提高现场安全管理和防范事故能力尤为重要。为此，我们组织全省煤炭院校部分教授，煤矿安全生产技术专家和部分煤矿管理者，从我省煤矿生产的特点及煤矿特种作业人员队伍现状的角度，结合我省煤矿安全生产实际，编写了《黑龙江省煤矿特种作业人员安全技术培训教材》。该套教材严格按照煤矿特种作业安全技术培训大纲和安全技术考核标准编写，具有较强的针对性、实效性和可操作性。该套教材的合理使用必将对提高我省煤矿安全培训考核质量，提升煤矿特种作业人员的安全生产技能和专业素质起到积极的作用。

"十三五"期间，国家把牢固树立安全发展观念，完善和落实安全生产责任摆上重要位置。我们要科学把握煤矿安全生产工作规律和特点，充分认清面临的新形势、新任务、新要求，把思想和行动统一到党的十八大精神上来，牢固树立培训不到位是重大安全隐患的理念，强化煤矿企业安全生产主体责任、政府和职能部门的监管责任，加强煤矿安全管理和监督，加强煤矿从业人员的安全培训，为我省煤矿安全生产工作打下坚实基础，为建设平安龙江、和谐龙江做出贡献。

《黑龙江省煤矿特种作业人员安全技术培训教材》

编　委　会

2016 年 5 月

《煤矿采煤机操作工》培训学时安排

项　　目		培 训 内 容	学时
安全 知识 （66学时）	安全基础 知识 （20学时）	煤矿安全生产法律法规	4
		煤矿生产技术与主要灾害事故防治	8
		采煤机操作工的职业特殊性	2
		煤矿职业病防治	2
		自救、互救与创伤急救	4
	安全技术 知识 （42学时）	采煤技术	12
		采煤机的安全使用	12
		采煤机伤人事故与运行事故的原因及防范措施	2
		液压支架的支护安全	2
		刮板输送机的运输安全	2
		采区机电安全	6
		典型事故案例分析	4
		实验参观	2
	复习		2
	考试		2
实际操作技能 （24学时）		采煤机安装和调试	2
		采煤机在特殊条件下的安全操作	4
		采煤机的维护、保养与润滑	4
		采煤机常见故障的预防及判断、处理	6
		自救器的使用训练	2
		创伤急救训练	2
		复习	2
		考试	2
合　　计			90

目　　次

第一章　煤矿安全生产方针和法律法规

知识要点

☆ 煤矿安全生产方针

☆ 煤矿安全生产相关法律法规

☆ 安全生产违法行为的法律责任

第一节　煤矿安全生产方针

一、安全生产方针的内容

"安全第一、预防为主、综合治理"是我国安全生产的基本方针，是党和国家为确保安全生产而确定的指导思想和行动准则。根据这一方针，国家制定了一系列安全生产的政策、法律、法规和规程。煤矿从业人员要认真学习、深刻领会安全生产方针的含义，并在本职工作中自觉遵守和执行，牢固树立安全生产意识。

"安全第一"要求煤矿从业人员在工作中要始终把安全放在首位。只有生命安全得到保障，才能调动和激发人们的生活激情和创造力，不能以损害从业人员的生命安全和身心健康为代价换取经济的发展。当安全与生产、安全与效益、安全与进度发生冲突时，必须首先保证安全，做到不安全不生产、隐患不排除不生产、安全措施不落实不生产。

"预防为主"要求煤矿从业人员在工作中要时刻注意预防安全生产事故的发生。在生产各环节要严格遵守安全生产管理制度和安全技术操作规程，认真履行岗位安全职责，采取有效的事前预防和控制措施，强化源头管理，及时排查治理安全生产隐患，积极主动地预防事故的发生，把事故隐患消灭在萌芽之中。

"综合治理"就是综合运用经济、法律、行政等手段，人管、法治、技防多管齐下，搞好全员、全方位、全过程的安全管理，把全行业、全系统、全企业的安全管理看成一个联动的统一体，并充分发挥社会、从业人员、舆论的监督作用，实现安全生产的齐抓共管。

二、落实安全生产方针的措施

1. 坚持"管理、装备、培训"三并重原则

安全生产管理坚持"管理、装备、培训"并重，是我国煤矿安全生产长期生产实践经验的总结，也是我国煤矿落实安全生产方针的基本原则。"管理"是消除人的不良行为

的重要手段，先进有效的管理是煤矿安全生产的重要保证；"装备"是人们向自然作斗争的工具和武器，先进的技术装备不仅可以提高生产效率，解放劳动力，同时还可以创造良好的安全生产环境，避免事故的发生；"培训"是提高从业人员综合素质的重要手段，只有强化培训，提高从业人员素质，才能用好高技术的装备，才能进行高水平的管理，才能确保安全生产的顺利进行。所以，管理、装备、培训是安全生产的三大支柱。

2. 制定完善煤矿安全生产的政策措施

（1）加快法制建设步伐，依法治理安全。

（2）坚持科学兴安战略，加快科技创新。

（3）严格安全生产准入制度。

（4）加大安全生产投入力度。

（5）建立健全安全生产责任制。

（6）建立安全生产管理机构，配齐安全生产管理人员。

（7）建立健全安全生产监管体系。

（8）强化安全生产执法和安全生产检查。

（9）加强安全技术教育培训工作。

（10）强化事故预防，做好事故应急救援工作。

（11）做好事故调查处理，严格安全生产责任追究。

（12）切实保护从业人员合法权益。

3. 落实安全生产"四个主体"责任

落实安全生产方针必须强化责任落实。安全生产是一个责任体系，涉及企业主体责任、政府监管责任、属地管理责任和岗位直接责任"四个主体"责任。企业是安全生产工作的责任主体，企业主要负责人是本单位安全生产工作的第一责任人，对安全生产工作负全面责任。企业应严格执行国家法律法规和行业标准，建立健全安全生产管理制度，加大安全生产投入，强化从业人员教育培训，应用先进设备工艺，及时排查治理安全生产隐患，提高安全管理水平，把安全生产主体责任落实到位；政府监管责任就是政府安全监管部门应依法行使综合监管职权，煤矿监察监管部门应加大监察监管检查力度，加强对重点环节和重要部位的专项整治，依法查处各种非法违法行为；属地管理责任就是各级政府对安全生产工作负有重要责任，对安全生产工作的重大问题、重大隐患，要督促抓好整改落实；岗位直接责任就是对关系安全生产的重点部位、关键岗位，要配强配齐人员，全方位、全过程、全员化执行标准、落实责任，把安全生产责任落到每一位领导、每一个车间、每一个班组、每一个岗位，实现全覆盖。

4. 推进煤矿向"规模化、机械化、标准化和信息化"方向发展

当前，我国煤炭行业在资源配置、产业结构、技术水平、安全生产、环境保护等方面还存在不少突出矛盾，一些生产力水平落后的小煤矿仍然存在，结构不合理仍然是制约我国煤炭行业发展的症结所在。因此，围绕大型现代化煤矿建设，加快推进煤炭行业结构调整，淘汰落后产能，努力推动产业结构的优化升级，建设"规模化、机械化、标准化和信息化"的矿井，这是落实党的安全生产方针的重要举措，也是综合治理的具体表现。规模化不仅可以提高生产能力，提高煤炭资源回收率，降低生产成本，还能提高煤矿的抗风险能力。机械化就是要在采、掘、运一体化上下功夫，实现连续化生产，提高生产效率

和从业人员整体素质，打造专业化从业队伍。标准化就是要求各煤矿都要按照安全标准化建设施工，从完备煤矿生产条件、改善劳动环境上入手，提高安全保障能力和本质安全水平。信息化是指对矿井地理、生产、安全、设备、管理和市场等方面的信息进行采集、传输处理、应用和集成等，从而完成自动化目标。

第二节　煤矿安全生产相关法律法规

一、法律基本知识

法律是由国家制定或认可的，由国家强制力保障实施的，反映统治阶级意志的行为规范的总和。

违法是行为人违反法律规定，从而给社会造成危害，有过错的行为。犯罪是指危害社会、触犯刑律，应该受到刑事处罚的行为。

我国的法律体系以宪法为统帅和根本依据，由法律、行政法规、地方性法规、规章等组成。

1. 宪法

宪法是国家的根本大法，具有最高的法律效力；宪法是母法，其他法是子法，必须以宪法为依据制定；宪法规定的内容是国家的根本任务和根本制度，包括社会制度、国家制度的原则和国家政权的组织以及公民的基本权利义务等内容。

2. 法律

全国人民代表大会和全国人民代表大会常务委员会都具有立法权。法律有广义、狭义两种理解。广义上讲，法律是法律规范的总称。狭义上讲，法律仅指全国人民代表大会及其常务委员会制定的规范性文件。在与法规等一起谈时，法律是指狭义上的法律。

3. 行政法规

行政法规是国务院为领导和管理国家各项行政工作，根据宪法和法律制定的有关政治、经济、教育、科技、文化、外事等内容的条例、规定和办法的总和。

4. 地方性法规

地方性法规是地方国家权力机关依法制定的在本行政区域内具有法律效力的规范性文件。省、自治区、直辖市以及省级人民政府所在地的市和经国务院批准的较大市的人民代表大会及其常务委员会有权制定地方性法规。

5. 规章

规章是行政性法律规范文件。规章有两种：一是国务院各部、委员会、中国人民银行、审计署和具有行政管理职能的直属机构，在本部门的权限内制定的规章，称为部门规章；二是省、自治区、直辖市和较大市的人民政府制定的规章，称为地方政府规章。

二、煤矿安全生产相关法律

1.《中华人民共和国刑法》

《中华人民共和国刑法》是安全生产违法犯罪行为追究刑事责任的依据。

安全生产的责任追究包括刑事责任、行政责任和民事责任。这些处罚由国家行政机关或司法机关作出，处罚的对象可以是生产经营单位，也可以是承担责任的个人。

对企业从业人员安全生产违法行为刑事责任的追究：在生产、作业中违反有关安全管理规定，因而发生重大伤亡事故或者造成其他严重后果的，处三年以下有期徒刑或者拘役；情节特别恶劣的，处三年以上七年以下有期徒刑。强令他人违章冒险作业，因而发生重大伤亡或者造成其他严重后果的，处五年以下有期徒刑或者拘役；情节特别恶劣的，处五年以上有期徒刑。

2. 《中华人民共和国劳动法》

《中华人民共和国劳动法》为了保护劳动者的合法权益，调整劳动关系，建立和维护适应社会主义市场经济的劳动制度，促进经济发展和社会进步，根据宪法，制定本法。

3. 《中华人民共和国劳动合同法》

劳动合同是制约企业与劳动者之间权利、义务关系的最重要的法律依据，安全生产和职业健康是其中十分重要的内容。劳动合同有集体劳动合同和个人劳动合同两种形式，是在平等、自愿的基础上制定的合法文件，任何企业同劳动者订立的免除安全生产责任的劳动合同都是无效的、违法的。《中华人民共和国劳动合同法》是为了完善劳动合同制度，明确劳动双方当事人的权利和义务，保护劳动者的合法权益，构建发展和谐稳定的劳动关系。

依法订立的劳动合同具有约束力，用人单位与劳动者应当履行劳动合同约定的义务。

4. 《中华人民共和国矿山安全法》

《中华人民共和国矿山安全法》中与煤矿从业人员相关的内容如下：

(1) 矿山企业从业人员有权对危害安全的行为提出批评、检举和控告。

(2) 矿山企业必须对从业人员进行安全教育、培训，未经安全教育、培训的，不得上岗作业。

(3) 矿山企业安全生产特种作业人员必须接受专门培训，经考核合格取得操作资格证书的，方可上岗作业。

(4) 矿山企业必须对冒顶、瓦斯爆炸、煤尘爆炸、冲击地压、瓦斯突出、火灾、水害等危害安全的事故隐患采取预防措施。

(5) 矿山企业主管人员违章指挥、强令从业人员冒险作业，因而发生重大伤亡事故的，依照《中华人民共和国刑法》有关规定追究刑事责任。

(6) 矿山企业主管人员对矿山事故隐患不采取措施，因而发生重大伤亡事故的，依照《中华人民共和国刑法》有关规定追究刑事责任。

5. 《中华人民共和国安全生产法》

《中华人民共和国安全生产法》的基本内容如下：

(1) 生产经营单位安全生产保障的法律制度。

(2) 生产经营单位必须保证安全生产资金的投入。

(3) 安全生产组织机构和人员管理。

(4) 安全生产管理制度。

6. 《中华人民共和国煤炭法》

《中华人民共和国煤炭法》与煤矿从业人员相关的规定如下：

(1) 明确了要坚持"安全第一、预防为主、综合治理"的安全生产方针。

（2）严格实行煤炭生产许可证制度和安全生产责任制度及上岗作业培训制度。

（3）维护煤矿企业合法权益，禁止违法开采、违章指挥、滥用职权、玩忽职守、冒险作业，以及依法追究煤矿企业管理人员的违法责任等。

三、煤矿安全生产相关法规

1．《煤矿安全监察条例》（国务院令　第296号）

自2000年12月1日起施行。共5章50条，包括总则、煤矿安全监察机构及其职责、煤矿安全监察内容、罚则、附则。其目的是为了保障煤矿安全，规范煤矿安全监察工作，保护煤矿从业人员人身安全和身体健康。

2．《工伤保险条例》（国务院令　第375号）

《工伤保险条例》共67条，制定本条例是为了保障因工作遭受事故伤害或者患职业病的从业人员获得医疗救治和经济补偿，促进工伤预防和职业康复，分散用人单位的工伤风险。

本条例根据2010年12月20日《国务院关于修改〈工伤保险条例〉的决定》修订。施行前已受到事故伤害或者患职业病的从业人员尚未完成工伤认定的，按照本条例的规定执行。

3．《国务院关于预防煤矿生产安全事故的特别规定》（国务院令　第446号）

国务院令第446号明确规定了煤矿15项重大隐患；任何单位和个人发现煤矿有重大安全隐患的，都有权向县级以上地方人民政府负责煤矿安全生产监督管理部门或者煤矿安全监察机构举报。受理的举报经调查属实的，受理举报的部门或者机构应当给予最先举报人1000元至10000元的奖励；煤矿企业应当免费为每位从业人员发放《煤矿职工安全手册》。

四、煤矿安全生产部门重要规章

1．《煤矿安全规程》（安监总局令　第87号）

《煤矿安全规程》包括总则、井工部分、露天部分、职业危害和附则5个部分，共有721条。它是煤矿安全体系中一部重要的安全技术规章，是煤炭工业贯彻落实党和国家安全生产方针和国家有关矿山安全法规的具体规定，是保障煤矿从业人员安全与健康，保护国家资源和财产不受损失，促进煤炭工业现代化建设必须遵循的准则。

2．《煤矿作业场所职业危害防治规定》（安监总局令　第73号）

为加强煤矿作业场所职业病危害的防治工作，保护煤矿从业人员的健康，制定本规定。适用于中华人民共和国领域内各类煤矿及其所属地面存在职业病危害的作业场所职业病危害预防和治理活动。

煤矿应当对从业人员进行上岗前、在岗期间的定期职业病危害防治知识培训，上岗前培训时间不少于4学时，在岗期间的定期培训时间每年不少于2学时。对接触职业危害的从业人员，煤矿企业应按照国家有关规定组织上岗前、在岗期间和离岗时的职业健康检查，并将检查结果书面告知从业人员。职业健康检查费用由煤矿承担。

3．《用人单位劳动防护用品管理规范》（安监总厅安健　〔2015〕124号）

为规范用人单位劳动防护用品的使用和管理，保障劳动者安全健康及相关权益，根据

《中华人民共和国安全生产法》、《中华人民共和国职业病防治法》等法律、行政法规和规章，制定本规范。本规范适用于中华人民共和国境内企业、事业单位和个体经济组织等用人单位的劳动防护用品管理工作。

4.《防治煤与瓦斯突出规定》（安监总局令　第 19 号）

该规定要求：防突工作坚持区域防突措施先行、局部防突措施补充的原则；突出矿井采掘工作做到不掘突出头、不采突出面；未按要求采取区域综合防突措施的，严禁进行采掘活动。

5.《煤矿防治水规定》（安监总局令　第 28 号）

该规定要求：防治水工作应当坚持预测预报、有疑必探、先探后掘、先治后采的原则，采取防、堵、疏、排、截的综合治理措施。水文地质条件复杂和极复杂的矿井，在地面无法查明矿井水文地质条件和充水因素时，必须坚持有掘必探。

规定有以下几个特点：一是对防范重特大水害事故规定更加严格；二是对防治老空水害规定更加严密；三是对强化防治水基础工作作出规定；四是减少了有关防治水的行政审批。

6.《特种作业人员安全技术培训考核管理规定》（安监总局令　第 30 号）

《特种作业人员安全技术培训考核管理规定》本着成熟一个确定一个的原则，在相关法律法规的基础上，对有关特种作业类别、工种进行了重大补充和调整，主要明确工矿生产经营单位特种作业类别、工种，规范安全监管监察部门职责范围内的特种作业人员培训、考核及发证工作。调整后的特种作业范围共 11 个作业类别、51 个工种。

7.《煤矿领导带班下井及安全监督检查规定》（安监总局令　第 33 号）

将领导下井带班制度纳入国家安全生产重要法规规章，具有强制性。对领导下井带班的职责和监督事项，对安全监督检查的对象范围、目标任务、责任划分及考核奖惩，对领导下井带班的考核制度、备案制度、交接班制度、档案管理制度以及主要内容，对监督检查的重点内容、方式方法、时间频次等均作了明确的要求。同时，还明确了制度不落实时的经济和行政处罚，并依法进行责任追究。煤矿没有领导带班下井的，煤矿从业人员有权拒绝下井作业。煤矿不得因此降低从业人员工资、福利等待遇或者解除与其订立的劳动合同。

8.《安全生产培训管理办法》（安监总局令　第 44 号）

《安全生产培训管理办法》自 2012 年 3 月 1 日起施行。原国家安全生产监督管理局（国家煤矿安全监察局）2005 年 12 月 28 日公布的《安全生产培训管理办法》同时废止。办法规定生产经营单位从业人员是指生产经营单位主要负责人、安全生产管理人员、特种作业人员及其他从业人员。特种作业人员的考核发证按照《特种作业人员安全技术培训考核管理规定》执行。

9.《煤矿安全培训规定》（安监总局令　第 52 号）

《煤矿安全培训规定》要求煤矿从业人员调整工作岗位或者离开本岗位 1 年以上（含 1 年）重新上岗前，应当重新接受安全培训；经培训合格后，方可上岗作业。

10.《国务院安委会关于进一步加强安全培训工作的决定》（安委〔2012〕10 号）

对各类生产安全责任事故，一律倒查培训、考试、发证不到位的责任。严格落实"三项岗位"人员持证上岗制度。各类特种作业人员要具有初中及以上文化程度。制定特种作业人员实训大纲和考试标准；建立安全监管监察人员实训制度；推动科研和装备制造企业在安全培训场所展示新装备新技术；提高3D、4D、虚拟现实等技术在安全培训中的应用，组织开发特种作业各工种仿真实训系统。

11.《煤矿矿长保护矿工生命安全七条规定》（安监总局令　第58号）

（1）必须证照齐全，严禁无证照或者证照失效非法生产。

（2）必须在批准区域正规开采，严禁超层越界或者巷道式采煤、空顶作业。

（3）必须确保通风系统可靠，严禁无风、微风、循环风冒险作业。

（4）必须做到瓦斯抽采达标，防突措施到位，监控系统有效，瓦斯超限立即撤人，严禁违规作业。

（5）必须落实井下探放水规定，严禁开采防隔水煤柱。

（6）必须保证井下机电和所有提升设备完好，严禁非阻燃、非防爆设备违规入井。

（7）必须坚持矿领导下井带班，确保员工培训合格、持证上岗，严禁违章指挥。

第三节　安全生产违法行为的法律责任

安全生产违法行为是指安全生产法律关系主体违反安全生产法律法规规定、依法应予以追究责任的行为。它是危害社会和公民人身安全的行为，是导致生产安全事故多发和人员伤亡最为重要的原因。

在安全生产工作中，政府及有关部门、生产单位及其主要负责人、中介机构、生产经营单位从业人员4种主体可能因为实施了安全生产违法行为而必须承担相应的法律责任。安全生产违法行为的法律责任有行政责任、民事责任和刑事责任3种。

一、行政责任

主要是指违反行政管理法规，包括行政处分和行政处罚两种。

1. 行政处分

行政处分的种类有警告、记过、记大过、降级、降职、撤职、留用察看和开除等。

2. 行政处罚

安全生产违法行为行政处罚的种类：①警告；②罚款；③责令改正、责令限期改正、责令停止违法行为；④没收违法所得、没收非法开采的煤炭产品、采掘设备；⑤责令停产停业整顿、责令停产停业、责令停止建设、责令停止施工；⑥暂扣或者吊销有关许可证，暂停或者撤销有关执业资格、岗位证书；⑦关闭；⑧拘留；⑨安全生产法律、行政法规规定的其他行政处罚。

法律、行政法规将前款的责令改正、责令限期改正、责令停止违法行为规定为现场处理措施的除外。

二、民事责任

民事责任是民事主体因违反民事义务或者侵犯他人的民事权利所应承担的法律责任，主要是指违犯民法、婚姻法等。

1. 民事责任的种类

（1）违反合同的民事责任。

（2）侵权的民事责任。

（3）不履行其他义务的民事责任。

2. 民事责任的承担方式

根据发生损害事实的情况和后果，《民法通则》规定了承担民事责任的10种方式：

（1）停止侵害。

（2）排除妨碍。

（3）消除危险。

（4）返还财产。

（5）恢复原状。

（6）修理、重作、更换。

（7）赔偿损失。

（8）支付违约金。

（9）消除影响、恢复名誉。

（10）赔礼道歉。

3. 免除民事责任的情形

免除民事责任是指由于存在法律规定的事由，行为人对其不履行合同或法律规定的义务，造成他人损害不承担民事责任的情况。

（1）不可抗力。

（2）受害人自身过错。

（3）正当防卫。

（4）紧急避险。

三、刑事责任

刑事责任是指触犯了刑事法律，国家对刑事违法者给予的法律制裁。它是法律制裁中最严厉的一种，包括主刑和附加刑。主刑分为管制、拘役、有期徒刑、无期徒刑和死刑。附加刑有罚金、剥夺政治权利、没收财产等。主刑和附加刑可单独使用，也可一并使用。《中华人民共和国安全生产法》《中华人民共和国矿山安全法》都规定了追究刑事责任的违法行为及行为人。因此，违反《中华人民共和国安全生产法》《中华人民共和国矿山安全法》的犯罪行为也应该承担相应的法律责任。

煤矿安全生产相关的犯罪有重大责任事故罪、重大安全事故罪、不报或谎报安全事故罪、危险物品肇事罪、工程重大安全事故罪等。

1. 重大责任事故罪

《中华人民共和国刑法》第一百三十四条规定："在生产、作业中违反有关安全管理规定，因而发生重大伤亡事故或者造成其他严重后果的，处3年以下有期徒刑或者拘役；情节特别严重的，处3年以上7年以下有期徒刑。强令他人违章冒险作业，因而发生重大伤亡事故或者造成其他严重后果的，处5年以下有期徒刑或者拘役；情节特别恶劣的，处5年以上有期徒刑。"

2. 重大安全事故罪

《中华人民共和国刑法》第一百三十五条规定："安全生产设施或者安全生产条件不符合国家规定，因而发生重大伤亡事故或者造成其他严重后果的，对直接负责的主管人员和其他直接责任人员，处 3 年以下有期徒刑或者拘役；情节特别恶劣的，处 3 年以上 7 年以下有期徒刑。"

3. 不报或谎报安全事故罪

《中华人民共和国刑法》第一百三十六条规定："在安全事故发生后，负有报告职责的人员不报或者谎报事故情况，贻误事故抢救，情节严重的，处 3 年以下有期徒刑或者拘役；情节特别严重的，处 3 年以上 7 年以下有期徒刑。"

4. 危险物品肇事罪

《中华人民共和国刑法》第一百三十六条规定："违反爆炸性、易燃性、放射性、毒害性、腐蚀性物品的管理规定，降低工程质量标准，造成重大安全事故，造成严重后果的，处 3 年以下有期徒刑或者拘役；情节特别严重的，处 3 年以上 7 年以下有期徒刑。"

5. 工程重大安全事故罪

《中华人民共和国刑法》第一百三十七条规定："建设单位、设计单位、工程监理单位违反国家规定，降低工程质量标准，造成重大安全事故的，对直接责任人员，处 5 年以下有期徒刑或者拘役，并处罚金；后果特别严重的，处 5 年以上 10 年以下有期徒刑，并处罚金。"

要　点　歌

教育培训是关键	努力学习有经验
考试合格再上岗	安全知识经常讲
安全第一要牢记	预防为主有寓意
综合治理全方位	整体推进才有力
安全原则要领会	培训管理和装备
煤矿标准信息化	机械生产规模大
安全管理属地化	部门监管责任大
责任主体在矿里	岗位责任在自己
遵章守法守纪律	执行标准不放弃
宪法法律和法规	治理安全有权威
违法违规不要做	责任追究不放过
行政民事和刑事	违犯法律受惩治

复习思考题

1. 简述我国煤矿安全生产方针。
2. 落实煤矿安全生产方针有哪些措施？
3. 简述安全生产违法行为的法律责任。

第二章 煤矿生产技术与主要灾害事故防治

知识要点

☆ 矿井开拓

☆ 采煤技术与矿井生产系统

☆ 煤矿井下安全设施与安全标志种类

☆ 瓦斯事故防治与应急避险

☆ 火灾事故防治与应急避险

☆ 煤尘事故防治与应急避险

☆ 水害事故防治与应急避险

☆ 顶板事故防治与应急避险

☆ 冲击地压及地热灾害的防治

☆ 井下安全避险"六大系统"

第一节 矿 井 开 拓

一、矿井的开拓方式

不同的井巷形式可组成多种开拓方式，通常以不同的井硐形式为依据，将矿井开拓方式分成平硐开拓、斜井开拓、立井开拓和综合开拓；按井田内布置的开采水平数目的不同，将矿井开拓方式分为单水平开拓和多水平开拓。

1. 平硐开拓

处在山岭和丘陵地区的矿区，广泛采用有出口直接通到地面的水平巷道作为井硐形式来开拓矿井，这种开拓方式叫做平硐开拓。

平硐开拓的优点：井下出煤不需要提升转载即可由平硐直接外运，因而运输环节和运输设备少、系统简单、费用低；平硐的地面工业建筑较简单，不需结构复杂的井架和绞车房；一般不需设硐口车场，更无需在平硐内设水泵房、水仓等硐室，减少许多井巷工程量；平硐施工条件较好，掘进速度较快，可加快矿井建设；平硐无需排水设备，对预防井下水灾也较有利。例如，垂直平硐开拓方式（图 2-1）。

2. 斜井开拓

斜井开拓是我国矿井广泛采用的一种开拓方式，有多种不同的形式，按井田内的划分方式，可分为集中斜井（有的地方也称阶段斜井）和片盘斜井，一般以一对斜井进行开拓。

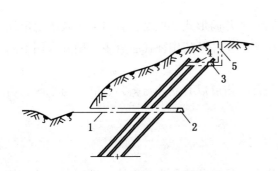

1—平硐；2—运输大巷；3—回风大巷；
4—回风石门；5—风井

图2-1 垂直平硐开拓方式

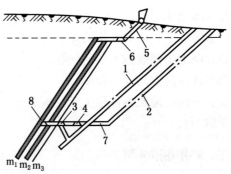

1—主井；2—副井；3—车场绕道；4—集中运输大巷；
5—风井；6—回风大巷；7—副井底部车场；
8—煤层运输大巷；m_1、m_2、m_3—煤层

图2-2 底板穿岩斜井开拓方式

采用斜井开拓时，根据煤层埋藏条件、地面地形以及井筒提升方式，斜井井筒可以分别沿煤层、岩层或穿越煤层的顶、底板布置。例如，底板穿岩斜井开拓方式（图2-2）。

3. 立井开拓

立井开拓除井筒形式与斜井开拓不同外，其他基本都与斜井开拓相同，既可以在井田内划分为阶段或盘区，也可以为多水平或单水平，还可以在阶段内采用分区，分段或分带布置等。

采用立井开拓时，一般以一对立井（主井及副井）进行开拓，装备两个井筒，通常主井用箕斗提升，副井则为罐笼。例如，立井多水平采区式开拓方式（图2-3）。

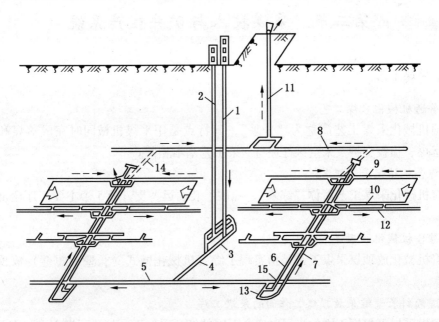

1—主井；2—副井；3—车场；4—石门；5—运输大巷；6—运输上山；7—轨道上山；8—回风大巷；
9—下料巷；10—皮带巷；11—风井；12—下料巷；13—底部车场；14—回风石门；15—煤仓

图2-3 立井多水平采区式开拓方式

4. 综合开拓

一般情况下，矿井开拓的主、副井都是同一种井筒形式。但是，有时会在技术上出现困难或经济上出现效益不佳的问题，所以，在实际矿井开拓中往往会有主、副井采用不同的井筒形式，这就是综合开拓。

根据不同的地质条件和生产技术条件，综合开拓可以有立井与斜井、立井与平硐、斜井与平硐等。

二、矿井巷道分类

矿井巷道包括井筒、平硐和井下的各种巷道，是矿井建立生产系统，进行生产活动的基本条件。

1. 按巷道空间特征分类

矿井巷道按倾角不同可分为垂直巷道、倾斜巷道和水平巷道三大类。

2. 按巷道的服务范围分类

按巷道的服务范围分三类：开拓巷道、准备巷道和回采巷道。

（1）开拓巷道是指为全矿井服务或者为一个及一个以上的阶段服务的巷道，主要有主副立井（或斜井）、平硐、井底车场、主要运输大巷、回风石门及回风大巷等。

（2）准备巷道是指为一个采区或者为两个或两个以上的采煤工作面服务的巷道，主要有采区车场、采区煤仓、采区上下山、采区石门等。

（3）回采巷道是指只为一个工作面服务的巷道，主要有工作面运输巷、工作面回风巷、切眼等。

第二节　采煤技术与矿井生产系统

一、采煤工艺

1. 普通机械化采煤工艺

普通机械化采煤工艺简称为"普采"，其特点是用采煤机械同时完成落煤和装煤工序，而运煤、顶板支护及采空区处理与炮采工艺基本相同。

2. 综合机械化采煤工艺

综合机械化采煤工艺简称"综采"，即破、装、运、支、处5个主要工序全部实现机械化。

3. 综合机械化放顶煤采煤工艺

综合机械化放顶煤采煤工艺是指实现了综合机械化壁式（长壁或短壁）放顶煤的采煤工艺。

4. 缓倾斜长壁综采放顶煤工作面的采煤工序

放顶煤采煤可根据不同的煤层厚度，不同的倾角采取不同的放顶煤方法，主要包括五道基本工序，即割煤、移架、移前部输送机、移后部输送机、放煤。在采煤过程中，当前四道工序循环进行至确定的放煤步距时，在移设完前部输送机以后，就可以开始放煤。

二、采煤方法

采煤方法是指采煤工艺与回采巷道布置及其在时间上、空间上的相互配合，包括采煤系统和采煤工艺两部分。采煤方法种类很多，总的划分为壁式和柱式两大类。

1. 壁式体系特点

（1）采煤工作面较长，工作面两端至少各有一条巷道，用于通风、运输、行人等，采出的煤炭平行于煤壁方向运出工作面。

（2）壁式体系工作面产量高，煤炭损失少，系统简单，安全生产条件好。

（3）巷道利用率低，工艺复杂。

2. 柱式体系特点

（1）煤壁短，同时开采的工作面多，采出的煤炭垂直于工作面方向运出。

（2）柱式体系采煤巷道多，掘进率高，设备移动方便。

（3）通风条件差，采出率低。

三、矿井的主要生产系统

矿井的生产系统有采煤系统，矿井提升与运输系统，通风系统，供电系统，排水系统，压风系统等。它们由一系列的井巷工程和机械、设备、仪器、管线等组成，这里介绍前四种。

（一）采煤系统

采煤巷道的掘进一般是超前于回采工作进行的。它们之间在时间上的配合以及在空间上的相互位置，称为采煤巷道布置系统，也叫采煤系统。实际生产过程中，有时在采煤系统内会出现一些如采掘接续紧张、生产与施工相互干扰的问题，应在矿井设计阶段或掘进工程施工前统筹考虑解决。

（二）矿井提升和运输系统

矿井提升和运输系统是生产过程中重要的一环。它担负着煤、矸石、人员、材料、设备与器材的送进、运出工作。其运输、提升系统均按下述路线进行。

由采掘工作面采落的煤、矸石经采区运输巷道运输至储煤仓或放矸小井，放入主要运输大巷以后，由电机车车组运至井底车场，装入井筒中的提升设备，提升到地面装车运往各地。而材料、设备和器材则按相反方向送至井下各工作场所。井下工作人员也是通过这样的路线往返于井下与地面。下面以立井开拓为例，对井下运输系统作一简述。

1. 运煤系统

采煤工作面的煤炭→工作面（刮板输送机）→工作面运输巷（转载机、带式输送机）→煤仓→石门（电机车）→运输大巷→（电机车）→井底车场→井底煤仓→主井（主提升机）→井口煤仓。

2. 排矸系统

掘进工作面的矸石→矿车（蓄电池电机车）→采区轨道上山（绞车）→采区车场→水平大巷（电机车）→井底车场→副井（副井提升机）→地面（电机车）→矸石山。

3. 材料运输系统

地面材料设备库→副井口（副井提升机）→井底车场→水平运输大巷（电机车）→采区

车场→轨道上山(绞车)→区段集中巷(蓄电池机车)→区段材料斜巷(绞车)→工作面材料巷存放点。

4. 井下常用的运输设备

(1) 刮板输送机主要用于工作面运输。

(2) 无极绳运输主要用于平巷运输。

(3) 胶带输送机主要用于采区平巷运输。

(4) 电机车运输主要用于大巷运输。

(三) 通风系统

矿井通风系统是进、回风井的布置方式，主要通风机的工作方法，通风网路和风流控制设施的总称。

矿井通风系统的通风路线：地面新鲜风流→副井→井底车场→主石门→水平运输大巷→采区石门→进风斜巷→工作面进风巷→工作面→回采工作面回风巷→回风斜巷→总回风巷→风井→地面。

(四) 供电系统

煤矿的正常生产，需要许多相关地辅助系统。供电系统是给矿井提供动力的系统。矿井供电系统是非常重要的一个系统。它是采煤、掘进、运输、通风、排水等系统内各种机械、设备运转时不可缺少的动力源网络系统。由于煤矿企业的特殊性，对矿井供电系统要求是绝对可靠，不能出现随意断电事故。为了保证可靠供电，要求必须有双回路电源，同时保证矿井供电。如果某一回路出现故障，另一回路必须立即供电，否则，就会发生重大事故。

一般矿井供电系统：双回路电网→矿井地面变电所→井筒→井下中央变电所→采区变电所→工作面用电点。

煤矿常用的供电设备有变压器、电动机、各种高低压配电控制开关、各种电缆等。煤矿常用的三相交流电额定线电压有 110 kV、35 kV、6 kV、1140 V、660 V、380 V、220 V、127 V 等。

除一般供电系统外，矿井还必须对一些特殊用电点实行专门供电。如矿井主要通风机、井底水泵房、掘进工作面局部通风机、井下需专门供电的机电硐室等。

井下常见的电气设备主要包括变压器、电动机和矿用电缆等。

四、矿井其他系统

1. 矿井供排水系统

为保证煤矿的生产安全，对井下落煤、装煤、运煤等系统进行洒水、喷雾来降尘，且井下的自然涌水、工程废水等都必须排至井外。由排水沟、井底(采区)水仓、排水泵、供水管路、排水管路等形成的系统，其作用就是储水、排水，防止发生矿井水灾事故。

供水系统将保证井下工程用水，特别是防尘用水。矿井供水路线：地面水池→管道→井筒→井底车场→水平运输大巷→采区上(下)山→区段集中巷→区段斜巷→工作面两巷。

在供水管道系统中，有大巷洒水、喷雾、防尘水幕。煤的各个转载点都有洒水灭尘喷头，采掘工作面洒水灭尘喷雾装置；采掘工作面机械设备冷却供水系统等。

矿井水主要来自于地下含水层水、顶底板水、断层水、采空区水及地表水的补给。在生产中必须排到地面。为了排出矿井水，矿井一般都在井底车场处设有专门的水仓及水泵房。水仓一般都有两个，其中一个储水、一个清理。主水泵房在水仓上部，水泵房内装有至少 3 台水泵，通过多级水泵将水排到地面。

水仓中的水则是由水平大巷内的水沟流入的。在水平运输大巷人行道一侧挖有水沟，水会流向井底车场方向。排水沟需要经常清理，保证水的顺利流动。

水平大巷排水沟的水又来自于各个采区。上山采区的水一般自动流入排水沟。下山采区的水则需要水泵排入大巷水沟，一般在下山采区下部都设有采区水仓，且安装水泵，通过管道将水排到大巷水沟内。

除矿井大的排水系统外，井下采掘工作面有时积水无法自动流出，还需要安装水泵排出，根据水量随时开动水泵排水。

在井下生产中，应注意不要在水沟内堆积坑木和其他杂物，为保持排水畅通，水沟还需定期清理。

2. 压风系统

空气压缩机是一种动力设备，其作用是将空气压缩，使其压力增高且具有一定的能量来作为风动工具（如凿岩机、风镐、风动抓岩机、风动装岩机等）、巷道支护（锚喷）、部分运输装载等采掘机械的动力源。

压气设备主要由拖动设备、空气压缩机及其附属装置（包括滤风器、冷却器、储气罐等）和输气管道等组成。

3. 瓦斯监测系统

我国的瓦斯矿井都要安装瓦斯监控系统。这种系统是在井下采掘工作面及需要监测瓦斯的地方安设多功能探头，这些探头不断监测井下瓦斯的浓度，并将监测的气体浓度通过井下处理设备转变为电信号，通过电缆传至地面主机房。在地面主机房又安设了信号处理器，将电信号转变为数字信号，并在计算机及大屏幕上显示出来。管理人员随时通过屏幕掌握井下各监控点的瓦斯浓度，一旦某处瓦斯超限，井上下会同时报警并自动采取相应的断电措施。

没有安装矿井安全监控系统的矿井的煤巷、半煤岩巷和有瓦斯涌出的岩巷的掘进工作面，必须装备甲烷电闭锁装置或甲烷断电仪和风电闭锁装置。没有装备矿井安全监控系统的无瓦斯涌出的岩巷掘进工作面，必须装备风电闭锁装置，没有装备矿井安全监控系统的矿井采煤工作面，必须装备甲烷断电仪。

4. 煤矿井下人员定位系统

煤矿井下人员定位系统一般由识别卡、位置监测分站、电源箱（可与分站一体化）、传输接口、主机（含显示器）、系统软件、服务器、打印机、大屏幕、UPS 电源、远程终端、网络接口和电缆等组成。

5. 瓦斯抽放系统

瓦斯抽放系统主要分为井上瓦斯泵站抽放系统和井下移动泵站瓦斯抽放系统两种方式。在开采煤层之前首先要把煤层的瓦斯浓度降低到国家要求的安全标准才能进行开采，只有这样才能保证煤矿的安全生产。使用专业的抽放设备和抽放管路抽放井下的瓦斯，首先要在煤层钻孔，插入管路，然后通过聚氨酯密封，再通过井上瓦斯抽放泵或者井下的移动泵站把煤层的瓦斯和采空区的瓦斯抽放到安全地区排空或者加以利用。

第三节　煤矿井下安全设施与安全标志种类

一、煤矿井下安全设施

煤矿井下安全设施是指在井下有关巷道、硐室等地方安设的专门用于安全生产的装置和设备，井下安全设施有以下几种：

1. 防瓦斯安全设施

防瓦斯安全设施主要有瓦斯监测装置和自动报警断电装置等。其作用是监测周围环境空气中的瓦斯浓度，当瓦斯浓度超过规定的安全值时，会自动发出报警信号；当瓦斯浓度达到危险值时，会自动切断被测范围的动力电源，以防止瓦斯爆炸事故的发生。

瓦斯监测和自动报警断电装置主要安设在掘进煤巷和其他容易产生瓦斯积聚的地方。

2. 通风安全设施

通风安全设施主要有局部通风机、风筒及风门、风窗、风墙、风障、风桥和栅栏等。其作用是控制和调节井下风流和风量，供给各工作地点所需要的新鲜空气，调节温度和湿度、稀释空气中的有毒有害气体。

局部通风机、风筒主要安设在掘进工作面及其他需要通风的硐室、巷道；栅栏安设在无风、禁止人员进入的地点；其他通风安全设施安设在需要控制和调节通风的相应地点。

3. 防灭火安全设施

防灭火安全设施主要有灭火器、灭火砂箱、铁锹、水桶、消防水管、防火铁门和防火墙。其作用是扑灭初始火灾和控制火势蔓延。

防灭火安全设施主要安设在机电硐室及机电设备较集中的地点。防火铁门主要安设在机电硐室的出入口和矿井进风井的下井口附近；防火墙构筑在需要密封的火区巷道中。

4. 防隔爆设施

防隔爆设施主要有防爆门、隔爆水袋、水槽、岩粉棚等。其作用是阻止爆炸冲击波、高温火焰的蔓延扩大，减少因爆炸带来的危害。

隔爆水袋、水槽、岩粉棚主要安设在矿井有关巷道和采掘工作面的进、回风巷中；防爆铁门安设在机电硐室的出入口；井下爆炸器材库的两个出口必须安设能自动关闭的抗冲击波活门和抗冲击波密闭门。

5. 防尘安全设施

防尘安全设施主要有喷雾洒水装置及系统。其作用是降低空气中的粉尘浓度，防止煤尘发生爆炸和影响作业人员的身体健康，保持良好的作业环境。

防尘安全设施主要安设在采掘工作面的回风巷道以及转载点、煤仓放煤口和装煤（岩）点等处。

6. 防水安全设施

防水安全设施主要有水沟、排水管道、防水门、防水闸和防水墙等。其作用是防止矿井突然出水造成水害和控制水害影响的范围。

水沟和排水管道设置在巷道一侧，且具有一定坡度，能实现自流排水，若往上排水则需要加设排水泵；其他防水安全设施安设在受水患威胁的地点。

7. 提升运输安全设施

提升运输安全设施主要有罐门、罐帘、各种信号、电铃、阻挡车器。其作用是保证提升运输过程中的安全。

（1）罐门、罐帘主要安设在提升人员的罐笼口，以防止人员误乘罐、随意乘罐。

（2）各种信号灯、电铃、笛子、语音信号、口哨、手势等，在提升运输过程中安设和使用，用于指挥调度车辆运行或者表示提升运输设备的工作状态。

（3）阻挡车器主要安装在井筒进口和倾斜巷道，防止车辆自动滑向井底和防止倾斜巷道发生跑车或防止跑车后造成更大的损失。

8. 电气安全设施

供电系统及各电气设备上需装设漏电继电器和接地装置，其目的是防止发生各种电气事故而造成人身触电等。

9. 避难硐室

避难硐室主要有以下 3 种：

（1）躲避硐室指倾斜巷道中防止车辆运输碰人、跑车撞人事故而设置的躲避硐室。

（2）避难硐室是事先构筑在井底车场附近或采掘工作面附近的一种安全设施。其作用是当井下发生事故时，若灾区人员无法撤退，可以暂时躲避以等待救援。

（3）压风自救硐室。当发生瓦斯突出事故时，灾区人员可以进入压风自救硐室避灾自救，等待救援。压风自救硐室通常设置在煤与瓦斯突出矿井采掘工作面的进、回风巷，有人工作场所和人员流动的巷道中。

为了使井下各种安全设施经常处于良好状态，真正发挥防止事故发生、减小事故危害的作用，井下从业人员必须自觉爱护这些安全设施，不随意摸动，如果发现安全设施有损坏或其他不正常现象，应及时向有关部门或领导汇报，以便及时进行处理。

二、煤矿井下安全标志种类

煤矿井下安全标志按其使用功能可分为禁止标志，警告标志，指令标志，路标、铭牌、提示标志，指导标志等。

1. 禁止标志

这是禁止或制止人们某种行为的标志。有"禁止带火""严禁酒后入井（坑）""禁止明火作业"等 16 种标志。

2. 警告标志

这是警告人们可能发生危险的标志。有"注意安全""当心瓦斯""当心冒顶"等 16 种标志。

3. 指令标志

这是指示人们必须遵守某种规定的标志。有"必须戴安全帽""必须携带矿灯"、"必须携带自救器"等 9 种标志。

4. 路标、铭牌、提示标志

这是告诉人们目标、方向、地点的标志。有"安全出口""电话""躲避硐室"等 12 种标志。

5. 指导标志

这是提高人们思想意识的标志。有"安全生产指导标志"和"劳动卫生指导标志"两种标志。

此外，为了突出某种标志所表达的意义，在其上另加文字说明或方向指示，即所谓"补充标志"。补充标志只能与被补充的标志同时使用。

第四节　瓦斯事故防治与应急避险

一、瓦斯的性质与危害

瓦斯是一种混合气体，其主要成分为甲烷（CH_4，占 90% 以上），所以瓦斯通常专指甲烷。

瓦斯有如下性质及危害：

（1）矿井瓦斯是无色、无味、无臭的气体。要检查空气中是否含有瓦斯及其浓度，必须使用专用的瓦斯检测仪才能检测出来。

（2）瓦斯比空气轻，在风速低的时候它会积聚在巷道顶部、冒落空洞和上山迎头等处，因此必须加强这些部位的瓦斯检测和处理。

（3）瓦斯有很强的扩散性。一处瓦斯涌出就能扩散到巷道附近。

（4）瓦斯的渗透性很强。在一定的瓦斯压力和地压共同作用下，瓦斯能从煤岩中向采掘空间涌出，甚至喷出或突出。

（5）矿井瓦斯具有燃烧性和爆炸性。当瓦斯与空气混合到一定浓度时，遇到引爆源，就能引起燃烧或爆炸。

（6）当井下空气中瓦斯浓度较高时，会相对降低空气中的氧气浓度而使人窒息死亡。

二、瓦斯涌出的形式及涌出量

（一）瓦斯涌出的形式

1. 普通涌出

由于受采掘工作的影响，促使瓦斯长时间均匀、缓慢地从煤、岩体中释放出来，这种涌出形式称为普通涌出。这种涌出时间长、范围广、涌出量多，是瓦斯涌出的主要形式。

2. 特殊涌出

特殊涌出包括喷出和突出。

（1）喷出。在短时间内，大量处于高压状态的瓦斯，从采掘工作面煤（岩）裂隙中突然大量涌出的现象，称为喷出。

（2）突出。在瓦斯喷出的同时，伴随有大量的煤粉（或岩石）抛出，并有强大的机械效应，称为煤（岩）与瓦斯突出。

（二）矿井瓦斯的涌出量

矿井瓦斯的涌出量是指在开采过程中，单位时间内或单位质量煤中放出的瓦斯数量。矿井瓦斯涌出量的表示方法如下：

（1）绝对瓦斯涌出量是指单位时间内涌入采掘空间的瓦斯数量，单位为 m^3/min 或

m^3/d。

（2）相对瓦斯涌出量是指在矿井正常生产条件下，月平均生产1 t 煤所涌出的瓦斯数量，单位为 m^3/t。

三、瓦斯爆炸预防及措施

瓦斯爆炸就是瓦斯在高温火源的作用下，与空气中的氧气发生剧烈的化学反应，生成二氧化碳和水蒸气，同时产生大量的热量，形成高温、高压，并以极高的速度向外冲击而产生的动力现象。

1. 瓦斯爆炸的条件

瓦斯发生爆炸必须同时具备3 个基本条件：一是瓦斯的浓度在爆炸界限内，一般为 5% ~16% ；二是混合气体中氧气的浓度不低于12% ；三是有足够能量的点火源，一般温度为650 ~750 ℃以上，且火源存在的时间大于瓦斯爆炸的感应期。瓦斯发生爆炸时，爆炸的3 个条件必须同时满足，缺一不可。

2. 预防瓦斯积聚的措施

（1）落实瓦斯防治的十二字方针："先抽后采、监测监控、以风定产"，从源头上消除瓦斯的危害。

（2）明确"通风是基础，抽采是关键，防突是重点，监控是保障"的工作思路。

（3）构建"通风可靠、抽采达标、监控有效、管理到位"的煤矿瓦斯综合治理工作体系。

3. 防止引燃瓦斯的措施

（1）严禁携带烟草及点火工具下井；严禁穿化纤衣服入井；井下严禁使用电炉；严禁拆卸、敲打、撞击矿灯；井口房、瓦斯抽放站、通风机房周围20 m 内禁止使用明火；井下电、气焊工作应严格审批手续并制定有效的安全措施；加强井下火区管理等。

（2）井下爆破工作必须使用煤矿许用电雷管和煤矿许用炸药，且质量合格，严禁使用不合格或变质的电雷管或炸药，严格执行"一炮三检"制度。

（3）加强井下机电和电气设备管理，防止出现电气火花。如局部通风机必须设置风电闭锁和瓦斯电闭锁等。

（4）加强井下机械的日常维护和保养工作，防止机械摩擦火花引燃瓦斯。

4. 发生瓦斯爆炸事故时的应急避险

瓦斯爆炸事故通常会造成重大的伤亡，因此，煤矿从业人员应了解和掌握在发生瓦斯爆炸时的避险自救知识。

瓦斯及煤尘爆炸时可产生巨大的声响、高温、有毒气体、炽热火焰和强烈的冲击波。因此，在避难自救时应特别注意以下几个要点：

（1）当灾害发生时一定要镇静清醒，不要惊慌失措、乱喊乱跑，当听到或感觉到爆炸声响和空气冲击波时，应立即背朝声响和气浪传来的方向，脸朝下，双手置于身体下面，闭上眼睛迅速卧倒。头部要尽量低，有水沟的地方最好趴在水沟边上或坚固的障碍物后面。

（2）立即屏住呼吸，用湿毛巾捂住口、鼻，防止吸入有毒的高温气体，避免中毒或灼伤气管和内脏。

（3）用衣服将自己身上裸露的部分尽量盖严，防止火焰和高温气体灼伤皮肉。

（4）迅速取下自救器，按照使用方法戴好，防止吸入有毒气体。

（5）高温气浪和冲击波过后应立即辨别方向，以最短的距离进入新鲜风流中，并按照避灾路线尽快逃离灾区。

（6）已无法逃离灾区时，应立即选择避难硐室，充分利用现场的一切器材和设备来保护人员和自身的安全。进入避难硐室后要注意安全，最好找到离水源近的地方，设法堵好硐口，防止有害气体进入，注意节约矿灯用电和食品，室外要做好标记，有规律地敲打连接外部的管子、轨道等，发出求救信号。

5. 发生煤与瓦斯突出事故时的应急避险

1）在处理煤与瓦斯突出事故时，应遵循如下原则：

（1）远距离切断灾区和受影响区域的电源，防止产生电火花引起的瓦斯爆炸。

（2）尽快撤出灾区和受威胁区的人员。

（3）派救护队员进入灾区探查灾区情况，抢救遇险人员，详细向救灾指挥部汇报。

（4）发生突出事故后，不得停风和反风，尽快制定恢复通风系统的安全措施。技术人员不宜过多，做到分工明确，有条不紊；救人本着"先外后里、先明后暗、先活后死"原则。

（5）认真分析和观测是否有二次突出的可能，采取相应措施。

（6）突出造成巷道破坏严重、范围较大、恢复困难时，抢救人员后，要对采区进行封闭。

（7）煤与瓦斯突出后，造成火灾或瓦斯爆炸的，按火灾或爆炸事故处理。

2）煤与瓦斯突出事故的应急处理

（1）在矿井通风系统未遭遇到严重破坏的情况下，原则上保持现有的通风系统，保证主要通风机的正常运转。

（2）发生煤（岩）与瓦斯突出时，对充满瓦斯的主要巷道应加强通风管理，防止风流逆转，复建通风系统，恢复正常通风。按规定将高浓度瓦斯直接引入回风道中排出矿井。

（3）根据灾区情况迅速抢救遇险人员，在抢险救援过程中注意突出预兆，防止再次突出造成事故扩大。

（4）要慎重处置灾区和受影响区域的电源，断电作业应在远距离进行，防止产生电火花引起爆炸。

（5）灾区内不准随意启闭电气设备开关，不要扭动矿灯和灯盖，严密监视原有火区，查清楚突出后是否出现新火源，并加以控制，防止引爆瓦斯。

（6）综掘、综采、炮采工作面发生突出时，施工人员佩戴好隔离式自救器或就近躲入压风自救袋内，打开压风并迅速佩戴好隔离式自救器，按避灾路线撤出灾区后，由当班班组长或瓦斯检查员及时向调度室汇报，调度室通知受灾害影响范围内的所有人员撤离。

3）处理煤与瓦斯突出事故的行动原则

一般小型突出，瓦斯涌出量不大，容易引起火灾，除局部灾区由救护队处理外，在通风正常区内矿井通风安全人员可参与抢救工作。

（1）救护队接到通知后，应以最快速度赶到事故地点，以最短路线进入灾区抢救人员。

（2）救护队进入灾区时应保持原有通风状况，不得停风或反风。

（3）进入灾区前，应先切断灾区电源。

（4）处理煤与瓦斯突出事故时，矿山救护队必须携带 0～100% 的瓦斯监测器，严格监视瓦斯浓度的变化。

（5）救护队进入灾区，应特别观察有无火源，发现火源立即组织灭火。

（6）灾区中发现突出煤矸堵塞巷道，使被堵灾区内人员安全受到威胁时，应采用一切尽可能的办法贯通，或用插板法架设一条小断面通道，救出灾区内人员。

（7）清理时，在堆积处打密集柱和防护板。

（8）在灾区或接近突出区工作时，由于瓦斯浓度异常变化，应严加监视。

（9）煤层有自然发火危险的，发生突出后要及时清理。

第五节　火灾事故防治与应急避险

一、发生火灾的基本要素

热源、可燃物和氧是发生火灾的三要素。以上三要素必须同时存在才会发生火灾，缺一不可。

二、矿井火灾分类

根据引起矿井火灾的火源不同，通常可将矿井火灾分成两大类：一类是外部火源引起的矿井火灾，也叫外因火灾；另一类是由于煤炭自身的物理、化学性质等内在因素引起的火灾，也叫内因火灾。

三、外因火灾的预防

预防外因火灾从杜绝明火与机电火花着手，其主要措施如下：

（1）井下严禁吸烟和使用明火。

（2）井下严禁使用灯泡取暖和使用电炉。

（3）瓦斯矿井要使用安全炸药，爆破要遵守煤矿安全规程。

（4）正确选择矿用型（具有不延燃护套）橡套电缆。

（5）井下和井口房不得从事电焊、气焊、喷灯焊等作业。

（6）利用火灾检测器及时发现初期火灾。

（7）井下和硐室内不准存放汽油、煤油和变压器油。

（8）矿井必须设地面消防水池和井下消防管理系统确保消防用水。

（9）新建矿井的永久井架和井口房，或者以井口房、井口为中心的联合建筑，都必须用不燃性材料建筑。

（10）进风井口应装设防火铁门，防火铁门必须严密并易于关闭，打开时不妨碍提升、运输和人员通行，并应定期维修；如不设防火铁门，必须有防止烟火进入矿井的安全措施。

四、煤炭自燃及其预防

1. 煤炭自燃的初期预兆

（1）巷道内湿度增加，出现雾气、水珠。

（2）煤炭自燃放出焦油味。

（3）巷道内发热，气温升高。

（4）人有疲劳感。

2. 预防煤炭自燃的主要方法

（1）均压通风控制漏风供氧。

（2）喷浆堵漏、钻孔灌浆。

（3）注凝胶灭火。

五、井下直接灭火的方法

（1）水灭火。

（2）砂子或岩粉灭火。

（3）挖出火源。

（4）干粉灭火。

（5）泡沫灭火。

第六节　煤尘事故防治与应急避险

一、矿尘及分类

在矿井生产过程中所产生的各种矿物细微颗粒，统称为矿尘。

矿尘的大小（指尘粒的平均直径）称为矿尘的粒度，各种粒度的矿尘，在全部矿尘中所占的百分数称为矿尘的分散。

（1）按矿尘的成分可分为煤尘和岩尘。

（2）按有无爆炸性可分为有爆炸性矿尘和无爆炸性矿尘。

（3）按矿尘粒度范围可分为全尘和呼吸性粉尘（粒度在 5 μm 以下，能被人吸入支气管和肺部的粉尘）。

（4）矿尘存在可分为浮尘和落尘。

二、煤尘爆炸的条件

（1）煤尘自身具备爆炸危险性。

（2）煤尘云的浓度在爆炸极限范围内。

（3）存在能引燃煤尘爆炸的高温热源。

（4）充足的氧气。

三、煤矿粉尘防治技术

目前，我国煤矿主要采取以风、水为主要介质的综合防尘技术措施，即一方面用水将粉尘湿润捕获；另一方面借助风流将粉尘排出井外。

1. 减尘技术措施

根据《煤矿安全规程》规定，在采掘过程中，为了大量减少或基本消除粉尘在井下飞扬，必须采取湿式钻眼、使用水炮泥、煤层注水、改进采掘机械的运行参数等方法减少粉尘的产生量。

2. 矿井通风排尘

采掘工作面的矿尘浓度与通风的关系非常密切，合理进行通风是控制采掘工作面的矿尘浓度的有效措施之一。应当指出，最优风速不是恒定不变的，它取决于被破碎煤、岩的性质，矿尘的粒度及矿尘的含水程度等。

3. 煤矿湿式除尘技术

湿式除尘是井工开采应用最普遍的一种方法。按作用原理，湿式除尘可分为两类：一是用水湿润，冲洗初生和沉积的粉尘；二是用水捕集悬浮于空气中的粉尘。这两类除尘方式的效果均以粉尘得到充分湿润为前提。喷雾洒水的作用如下：

（1）在雾体作用范围内高速流动的水滴与粉尘碰撞后，尘粒被湿润，并在重力作用下沉降。

（2）高速流动的雾体将其周围的含尘空气吸引到雾体内湿润下沉。

（3）雾体与沉降的粉尘湿润黏结，使之不易二次飞扬。

（4）增加沉积煤尘的水分，预防着火。

4. 个体防护

尽管矿井各生产环节采取了多项防尘措施，但也难以使各作业场所粉尘浓度达到规定，有些作业地点的粉尘浓度严重超标。因此，个体防护是防尘工作中不容忽视的一个重要方面。

个体防护的用具主要包括防尘口罩、防尘帽、防尘呼吸器、防尘面罩等，其目的是使佩戴者既能呼吸净化后的空气，又不影响正常操作。

四、煤尘爆炸事故的应急处置

由于煤尘爆炸应急处置与瓦斯、煤尘爆炸事故的应急处置措施一样，所以这里不做陈述。

五、煤尘爆炸事故的预防措施

1. 防爆措施

矿井必须建立完善的防尘供水系统。对产生煤尘的地点应采取防尘措施，防止引爆煤尘的措施如下：

（1）加强管理，提高防火意识。

（2）防止爆破火源。

（3）防止电气火源和静电火源。

（4）防止摩擦和撞击点火。

2. 隔爆措施

《煤矿安全规程》规定，开采有煤尘爆炸危险性煤层的矿井，必须有预防和隔绝煤尘爆炸的措施。其作用是隔绝煤尘爆炸传播，就是把已经发生的爆炸限制在一定的范围内，不让爆炸火焰继续蔓延，避免爆炸范围扩大，其主要措施有：

（1）采取被动式隔爆方法，如在巷道中设置岩粉棚或水棚。

（2）采取自动式隔爆方法，如在巷道中设置自动隔爆装置等。

（3）制定预防和隔绝煤尘爆炸措施及管理制度，并组织实施。

第七节　水害事故防治与应急避险

水害是煤矿五大灾害之一，水害事故在煤矿重特大事故中占比例较大。

一、矿井水害的来源

形成水害的前提是必须要有水源。矿井水的来源主要是地表水、地下水、老空水、断层水。

二、矿井突水预兆

1. 一般预兆

（1）矿井采、掘工作面煤层变潮湿、松软。

（2）煤帮出现滴水、淋水现象，且淋水由小变大。

（3）有时煤帮出现铁锈色水迹。

（4）采、掘工作面气温低，出现雾气或硫化氢气味。

（5）采、掘工作面有时可听到水的"嘶嘶"声。

（6）采、掘工作面矿压增大，发生片帮、冒顶及底鼓。

2. 工作面底板灰岩含水层突水预兆

（1）采、掘工作面压力增大，底板鼓起，底鼓量有时可达 500 mm 以上。

（2）采、掘工作面底板产生裂隙，并逐渐增大。

（3）采、掘工作面沿裂隙或煤帮向外渗水，随着裂隙的增大，水量增加，当底板渗水量增大到一定程度时，煤帮渗水可能停止，此时水色时清时浊，底板活动时水变浑浊，底板稳定时水色变清。

（4）采、掘工作面底板破裂，沿裂缝有高压水喷出，并伴有"嘶嘶"声或刺耳水声。

（5）采、掘工作面底板发生"底爆"，伴有巨响，地下水大量涌出，水色呈乳白色或黄色。

3. 松散空隙含水层突水预兆

（1）矿井采、掘工作面突水部位发潮、滴水且滴水现象逐渐增大，仔细观察可以发现水中含有少量细砂。

（2）采、掘工作面发生局部冒顶，水量突增并出现流沙，流沙常呈间歇性，水色时清时浊，总的趋势是水量、沙量增加，直至流沙大量涌出。

（3）顶板发生溃水、溃沙，这种现象可能影响到地表。

实际的突水事故过程中，这些预兆不一定全部表现出来，所以在煤矿防治水工作应该细心观察，认真分析、判断。

三、矿井水害事故的应急处置

（1）发生水灾事故后，应立即撤出受灾区和灾害可能波及区域的全部人员。

（2）迅速查明水灾事故现场的突水情况，组织有关专家和工程技术人员分析形成水灾事故的突水水源、矿井充水条件、过水通道、事故将造成的危害及发展趋势，采取针对性措施，防止事故影响的扩大。

（3）坚持以人为本的原则，在水灾事故中若有人员被困时，应制定并实施抢险救人的办法和措施，矿山救护和医疗卫生部门做好救助准备。

（4）根据水灾事故抢险救援工程的需要，做好抢险救援物资准备和排水设备及配套系统的调配的组织协调工作。

（5）确认水灾已得到控制并无危害后，方可恢复矿井正常生产状态。

四、矿井水害的防治

防治水害工作要坚持以防为主，防治结合以及当前和长远、局部与整体、地面与井下、防治与利用相结合的原则；坚持"预测预报、有疑必探、先探后掘、先治后采"的十六字方针；落实"防、堵、疏、排、截"五项措施，根据不同的水文地质条件，采用不同的防治方法，因地制宜，统一规划，综合治理。

五、矿井发生透水事故时应急避险的措施

矿井发生突水事故时，要根据灾区情况迅速采取以下有效措施，进行紧急避险。

（1）在突水迅猛、水流急速的情况下，现场人员应立即避开出水口和泄水流，躲避到硐室内、拐弯巷道或其他安全地点。如情况紧急来不及转移躲避时，可抓牢棚梁、棚腿及其他固定物体，防止被涌水打倒和冲走。

（2）当老空区水涌出，使所在地点有毒有害气体浓度增高时，现场作业人员应立即佩戴好自救器。

（3）井下发生突水事故后，绝不允许任何人以任何借口在不佩戴防护器的情况下冒险进入灾区。否则，不仅达不到抢险救灾的目的，反而会造成自身伤亡，扩大事故。

（4）水灾事故发生后，现场及附近地点工作人员在脱离危险后，应在可能情况下迅速观察和判断突水地点、涌水的程度、现场被困人员等情况并立即报告矿井调度。

第八节　顶板事故防治与应急避险

顶板发生事故主要是指在井下建设、生产过程中，因为顶板冒落、垮塌而造成的人员伤亡、设备损坏和生产停止事故。

一、顶板事故的类型和特点

按一次冒落的顶板范围和伤亡人员多少来划分，常见的顶板事故可分为局部冒顶事故和大面积切顶事故两大类。

1. 局部冒顶事故

局部冒顶事故绝大部分发生在临近断层、褶曲轴部等地质构造部位，多数发生在基本顶来压前后，特别是在直接顶由强度较低、分层厚度较小的岩层组成的情况下。

采煤工作面局部冒顶易发生地点是放顶线、煤壁线、工作面上下出口和有地质构造变化的区域。

掘进工作面局部冒顶事故，易发生在掘进工作面空顶作业地点、木棚子支护的巷道，在倾斜巷道、岩石巷道、煤巷开口处、地质构造变化地带和掘进巷道工作面过旧巷等处。

2. 大面积切顶事故

大面积切顶事故的特点是冒顶面积大、来势凶猛、后果严重，不仅严重影响生产，往往还会导致重大人身伤亡事故。事故原因是直接顶和基本顶的大面积运动。由直接顶运动造成的垮面事故，按其作用力性质和顶板运动时的始动方向又可分为推垮型事故和压垮型事故。

二、顶板事故的危害

（1）无论是局部冒顶还是大型冒顶，事故发生后，一般都会推倒支架，埋压设备，造成停电、停风，给安全管理带来困难，对安全生产不利。

（2）如果是地质构造带附近的冒顶事故，不仅给生产造成麻烦，有时还会引起透水事故的发生。

（3）在瓦斯涌出区附近发生顶板事故将伴有瓦斯的突出，易造成瓦斯事故。

（4）如果是采、掘工作面发生顶板事故，一旦人员被堵或被埋，将造成人员的伤亡。

顶板冒落预兆有响声、掉渣、片帮、裂缝、脱层、漏顶等。发现顶板冒落预兆时的应急处置包括：

①迅速撤离；②及时躲避；③立即求救；④配合营救。

三、顶板事故的预防与治理

（1）充分掌握顶板压力分布及来压规律。冒顶事故大都发生在直接顶初次垮落、基本顶初次来压和周期来压过程中。

（2）采取有效的支护措施。根据顶板特性及压力大小采取合理、有效的支护形式控制顶板，防止冒顶。

（3）及时处理局部漏顶，以免引起大冒顶。

（4）坚持"敲帮问顶"制度。

（5）严格按规程作业。

第九节　冲击地压及矿井热灾害的防治

冲击地压是世界采矿业共同面临的问题，不仅发生在煤矿、非金属矿和金属矿等地下巷道中，而且也发生在露天矿以及隧道等岩体工程中。冲击地压发生的主要原因是岩体应力，而岩体应力除构造应力引起的变异外，一般是随深度增加而增加的上覆岩层自重力。因此，冲击地压存在一个始发深度。由于煤岩力学性质和赋存条件不同，始发深度也不一样，一般为 200～500 m。

冲击地压发生机理极为复杂，发生条件多种多样。但有两个基本条件取得了大家的共识：一是冲击地压是"矿体—围岩"系统平衡状态失稳破坏的结果；二是许多发生在采掘活动中形成的应力集中区，当压力增加超过极限应力，并引起变形速度超过一定极限时即发生冲击地压。

一、冲击地压灾害的防治

（一）现象及机理

冲击地压是煤岩体突然破坏的动力现象，是矿井巷道和采场周围煤岩体由于变形能的释放而产生以突然、急剧、猛烈破坏为特征的矿山压力现象，是煤矿重大灾害之一。

煤矿冲击地压的主要特征：一是突发性，发生前一般无明显前兆，且冲击过程短暂，持续时间几秒到几十秒；二是多样性，一般表现为煤爆、浅部冲击和深部冲击，最常见的是煤层冲击，也时有顶板冲击、底板冲击和岩爆；三是破坏性，往往造成煤壁片帮、顶板下沉和底鼓，冲击地压可简单地看作承受高应力的煤岩体突然破坏的现象。

（二）防治措施

由于冲击地压问题的复杂性和我国煤矿生产地质条件的多样性，增加了冲击地压防治工作的困难。

（1）采用合理的开拓布置和开采方式。

（2）开采保护层。

（3）煤层预注水。

（4）厚层坚硬顶板的预处理：顶板注水软化和爆破断顶。

二、矿井热灾害的防治

（一）矿井热源分类

（1）地表大气。

（2）流体自压缩。

（3）围岩散热。

（4）运输中煤炭及矸石的散热。

（5）机电设备散热。

（6）自燃氧化物散热。

（7）热水。

（8）人员散热。

（二）矿内热环境对人的影响

（1）影响健康。①热击：即热激，热休克，是指短时间内的高温处理。②热痉挛。③热衰弱。

（2）影响劳动效率。使人极易产生疲劳，劳动效率下降。

（3）影响安全。

（三）矿井热灾害防治措施

井下采、掘工作面和机电硐室的空气温度，均应符合《煤矿安全规程》的规定。为了使井下温度符合安全要求，通常采用下列方式来达到降温目的。

1. 通风降温方法

（1）合理的通风系统。

（2）改善通风条件。

（3）调节热巷道通风。

（4）其他通风降温措施。

2. 矿内冰冷降温

矿井降温系统一般分为冰冷降温系统和空调制冷降温系统，其中，空调制冷降温系统为冷却水系统。

3. 矿井空调技术的应用

矿井空调技术就是应用各种空气热湿处理手段，调节和改善井下作业地点的气候条件，使之达到规定标准要求。

第十节　井下安全避险"六大系统"

根据《国务院关于进一步加强企业安全生产工作的通知》，煤矿企业建立煤矿井下监测监控、人员定位、紧急避险、压风自救、供水施救和通讯联络等安全避险系统（以下简称安全避险"六大系统"），全面提升煤矿安全保障能力。

一、矿井监测监控系统及用途

1. 矿井监测监控系统

矿井监测监控系统是用来监测甲烷浓度、一氧化碳浓度、二氧化碳浓度、氧气浓度、硫化氢浓度、矿尘浓度、风速、风压、湿度、温度、馈电状态、风门状态、风筒状态、局部通风机开停、主要风机开停等，并实现甲烷超限声光报警、断电和甲烷风电闭锁控制等功能的系统。

2. 矿井监测监控系统的用途

（1）矿井监测监控系统可实现煤矿安全监控、瓦斯抽采、煤与瓦斯突出、人员定位、轨道运输、胶带运输、供电、排水、火灾、压力、视频场景、产量计量等各类煤矿监测监控系统的远程、实时、多级联网，煤矿应急指挥调度，煤矿综合监管，煤矿自我远程监管，煤炭行业信息共享等功能。

（2）矿井监测监控系统中心站实行 24 h 值班制度，当系统发出报警、断电、馈电异常信息时，能够迅速采取断电、撤人、停工等应急处置措施，充分发挥其安全避险的预警作用。

二、井下人员定位系统及用途

1. 井下人员定位系统

井下人员定位系统是用系统标识卡，可由个人携带，也可放置在车辆或仪器设备上，将它们所处的位置和最新记录信息传输给主控室。

2. 井下人员定位系统的用途

（1）人员定位系统要求定位数据实时传输到调度中心，及时了解井下人员分布情况，方便指挥调度。可对人员和机车的运动轨迹进行跟踪回放，掌握其详细工作路线和时间，在进行救援或事故分析时可提供有效的线索或证明。

（2）所有入井人员必须携带识别卡（或具备定位功能的无线通信设备），确保能够实时掌握井下各个作业区域人员的动态分布及变化情况。建立健全制度，发挥人员定位系统在定员管理和应急救援中的作用。

三、井下紧急避险系统及用途

1. 井下紧急避险系统

井下紧急避险系统是为煤矿生产存在的火灾、爆炸、地下水、有害气体等危险而采取的措施和避险逃生系统。有以下几种：

（1）个人灾害防护装置和设施，使用自救器进行避灾避险。

（2）矿井灾害防护装置和设施，使用避难硐室进行避灾避险。

（3）矿井灾害救生逃生装置和设施，使用井下救生舱进行避灾避险。

2. 井下紧急避险系统用途

（1）紧急避险系统要求入井人员配备额定防护时间不低于 30 min 的自救器。煤与瓦斯突出矿井应建立采区避难硐室，突出煤层的掘进巷道长度及采煤工作面走向长度超过 500 m 时，必须在距离工作面 500 m 范围内建设避难硐室或设置救生舱。

（2）紧急避险系统要求矿用救生舱、避难硐室对外抵御爆炸冲击、高温烟气、冒顶塌陷、隔绝有毒气体，对内为避难矿工提供氧气、食物、水，去除有毒有害气体，为事故突发时矿工避险提供最大可能的生存时间。同时舱内配备有无线通讯设备，引导外界救援。

四、矿井压风自救系统及用途

1. 矿井压风自救系统

当煤与瓦斯突出或有突出预兆时，工作人员可就近进入自救装置内避险，当煤矿井下发生瓦斯浓度超标或超标征兆时，扳动开闭阀体的手把，要求气路通畅，功能装置迅速完成泄水、过滤、减压和消音等动作后，此时防护套内充满新鲜空气供避灾人员救生呼吸。

2. 矿井压风自救系统用途

安装自救装置的个数不得少于井下全员的 1/3。空气压缩机应设置在地面；深部多水平开采的矿井，空气压缩机安装在地面难以保证对井下作业点有效供风时，可在其供风水平以上两个水平的进风井井底车场安全可靠的位置安装，但不得使用滑片式空气压缩机。

五、矿井供水施救系统及用途

1. 矿井供水施救系统

矿井供水施救系统是所有矿井在避灾路线上都要敷设供水管路，在矿井发生事故时井下人员能从供水施救系统上得到水及地面输送下来的营养液。

2. 矿井供水施救系统用途

井下供水管路要设置三通和阀门，在所有采掘工作面和其他人员较集中的地点设置供水阀门，保证各采掘作业地点在灾变期间能够实现提供应急供水的要求。并要加强供水管理维护，不得出现跑、冒、滴、漏现象，保证阀门开关灵活，接入避难硐室和救生舱前的20 m供水管路要采取保护措施。

六、矿井通信联络系统及用途

1. 矿井通信联络系统

矿井通信联络系统是运用现代化通信、网络等系统在正常煤矿生产活动中指挥生产，灾害期间能够及时通知人员撤离以及实现与避险人员通话的通信联络系统。

2. 矿井通信系统用途

（1）通信联络系统以无线网络为延伸，在井下设立若干基站，将煤炭行业矿区通信建设成一套完整的集成通信、调度、监控。

（2）主副井绞车房、井底车场、运输调度室、采区变电所、水泵房等主要机电设备硐室和采掘工作面以及采区、水平最高点，应安设电话。

（3）井下避难硐室（救生舱）、井下主要水泵房、井下中央变电所和突出煤层采掘工作面、爆破时撤离人员集中地点等，必须设有直通矿调度室的电话。井下无线通信系统在发生险情时，要及时通知井下人员撤离。

复习思考题

1. 矿井开拓的方式有哪些？
2. 矿井主要生产系统有哪几种？
3. 井下安全设施作用有哪些？
4. 发生瓦斯爆炸如何避险？
5. 煤炭自燃如何预防？
6. 煤尘爆炸的条件有哪些？
7. 矿井水害的防治措施有哪些？
8. 顶板事故如何预防？
9. 如何防治冲击地压？
10. 什么是矿井通信联络系统？

第三章　煤矿采煤机操作工职业特殊性

知识要点
☆ 煤矿生产特点及主要危险因素
☆ 煤矿采煤机操作工岗位安全职责及在防治灾害中的作用

第一节　煤矿生产特点及主要危险因素

一、煤矿生产特点

黑龙江省大多数煤矿井工开采，地质条件复杂，煤层厚度普遍较薄，地方私营煤矿比较多，并且机械化程度不高，现代管理手段相对落后，省企、央企煤矿已经进入深部开采，自然灾害影响日趋严重。煤矿作业的特点主要表现在以下几个方面：

（1）煤矿企业多数为井下作业，环境条件相对艰苦。省企煤矿井深平均在 500 m 以上，个别煤矿井深达到 1000 m 左右，地方煤矿井深平均也在 300 m 以上，劳动强度大，危险多。

（2）地质条件复杂，自然灾害威胁严重。黑龙江省煤层赋予条件差，构造多，自然灾害影响大，致灾机理复杂，伴生的灾害事故时有发生。矿井瓦斯、煤与瓦斯突出、水、火、煤尘、破碎顶板、冲击地压、热害及有毒有害气体等威胁煤矿安全生产，甚至引发煤矿灾难性重大事故。

（3）煤矿生产工艺复杂。煤矿井下生产具有多工种、多环节、多层面、多系统、立体关系的交叉连续昼夜作业的特点，在采煤、掘进、通风、机电、排水、供电、运输等各系统中，任何工作岗位、地点或环节出现问题，都可能酿成事故，甚至造成重大、特大事故。

（4）煤矿工人井下作业时间长、作业地点分散、路线远、劳动强度大。易产生疲惫、反应迟钝、注意力下降、情绪波动。而且作业环境受多种灾害影响，比如有水、火、瓦斯、煤尘、顶板垮落、坠罐和跑车等多种灾害，因此，稍有疏忽极易发生意外。

（5）煤矿作业空间狭窄、活动受限、井下人员密集，一旦疏忽出现事故，容易造成重大、特大事故和群死群伤事故，煤矿还是工矿各类企业中生产事故及伤亡人员相对数量最多的危险行业。

（6）煤矿机械化程度低，安全技术装备水平相对落后。省企煤矿的采煤机械化程度较高，而国有地方煤矿和乡镇煤矿的机械化程度普遍比较低。平均采煤机械化水平还不到

50%。数量众多的小煤矿安全设备水平很低，防御灾害的能力差，存在安全隐患。

（7）煤矿从业人员结构复杂，综合素质不高，有固定工、合同工、协议工等，存在多种用工形式，煤矿用人多、流动性大、管理培训问题多，一部分从业人员自我保护意识和能力差，违章作业现象时有发生，尤其是地方小煤矿，临时务工人员比例大，工作短期行为，安全侥幸心理，给煤矿管理和生产安全带来潜在隐患。

（8）职业危害特别是尘肺病危害严重。据不完全统计，全国煤矿尘肺病患者达 30 万人，占到全国尘肺病患者一半左右，每年因尘肺病造成直接经济损失有数十亿元，煤矿在职业病预防教育培训、职业健康管理及危害防治方面还远远没有达到国家要求。此外，其他风湿病、腰肌劳损等职业病在煤炭行业也普遍存在。

二、黑龙江省煤矿主要危害因素

1）地质条件

地质构造复杂或极其复杂的煤矿约占 40%，根据调查，大中型煤矿平均井采深度比较深，采深大于 500 m 的煤矿占 30%；小煤矿平均采深 300 m，采深超过 300 m 的煤矿产量占 30%。

2）瓦斯灾害

省企煤矿中，高瓦斯矿井占 15%；煤与瓦斯突出矿井占 20%。地方国有煤矿和乡镇煤矿中，高瓦斯和煤与瓦斯突出矿井占 10%。随着开采深度的增加，瓦斯涌出量的增大，高瓦斯和煤与瓦斯突出矿井的比例还会增加。

3）水害

煤矿水文地质条件较为复杂。省企煤矿中，水文地质条件属于复杂或极复杂的矿井占 30%；私企和乡镇煤矿中，水文地质条件属于复杂或极复杂的矿井占 10%。我省煤矿水害普遍存在，大中型煤矿很多工作面受水害威胁。在个体小煤矿中，有突出危险的矿井也比较多，占总数的 5%。

4）自然发火的危害

具有自然发火危险的煤矿所占比例大，覆盖面广。自然发火危险程度严重或较严重（Ⅰ、Ⅱ、Ⅲ、Ⅳ级）的煤矿占 70%。省企煤矿中，具有自然发火危险的矿井占 50%。由于煤层自燃，我国每年损失煤炭资源 2 亿 t 左右。

5）煤尘灾害

煤矿具有煤尘爆炸危险的矿井普遍存在，具有爆炸危险的矿井占煤矿总数的 60% 以上，煤尘爆炸指数在 45% 以上的煤矿占 15%。省企煤矿中具有煤尘爆炸危险性的煤矿占 85%，其中具有强爆炸性的占 60%。

6）顶板危害

煤矿顶板条件差异较大。多数大中型煤矿顶板属于Ⅱ类（局部不平），Ⅲ类（裂隙比较发育）。Ⅰ类（平整）顶板约占 11%，Ⅳ类、Ⅴ类（破碎、松软）顶板约占 5%，有顶板垮落危险。

7）机电运输危害

煤矿供电系统、机电设备和运输线路覆盖所有作业地点，电压等级高，设备功率大，运输线路长，倾斜巷道多，运输设备种类复杂。易发生触电、机械、运输伤人、跑车等事故。

8）冲击地压危害

我国是世界上除德国、波兰以外煤矿冲击地压危害最严重的国家之一。我省大中型煤矿随着开采深度越来越深，冲击地压发生概率就越来越高，省企煤矿具有冲击地压危险的煤矿占20%，由于冲击地压发生时间短、没有预兆，难以预测和控制，危害极大。随着开采深度的增加，有冲击地压矿井的冲击频率和强度在不断增加，没有冲击地压矿井也将会逐渐显现冲击地压。

9）热害

热害已成为我省矿井的新灾害。我省煤矿中有很多个矿井采掘工作面温度超过26 ℃，其中少数矿井采掘工作面温度超过30 ℃，最高达37 ℃。随着开采深度的增加，矿井热害日趋严重。

第二节　煤矿采煤机操作工岗位安全职责及其在防治灾害中的作用

采煤机司机处在采煤第一线，最熟悉采煤工作面的情况，严格按《煤矿安全操作规程》要求谨慎操作，发现事故隐患及时报告并采取措施，会很大程度地减少或避免煤矿灾害的发生。由此可见，采煤机司机在防治煤矿灾害中，必须了解煤矿灾害的发生和发展的规律，具备井下作业安全知识，具有识灾、防灾、避灾的能力，确保煤矿安全生产。

一、煤矿采煤机操作工岗位安全职责

（1）认真贯彻落实党的安全生产方针和上级安全指示、指令，严格遵守国家法律、法规和有关规章制度。

（2）要随时注意采煤机的运行情况，出现问题应及时分析、判断，并如实汇报，协同有关人员处理。

（3）对采煤机集中精力进行正确操作，注意观察煤层及顶、底板的变化，做到顶、底板要割平，煤壁要割直。出现冒顶、片帮等情况，要立即停机。

（4）熟知采煤机的构造、性能、工作原理及操作要领，开机前做好各项安全检查和准备，不得将采煤机交给无证人员操作。

（5）采煤机前方有人作业或更换滚筒截齿时，必须停机，不得开机作业。

（6）做好自主保安和互保联保，拒绝违章指挥和杜绝违章作业，发现现场隐患及时汇报处理。

（7）对采煤机进行专门检查、维护保养和排除故障时，要认真执行相关安全措施，停机进行。

（8）要具有煤矿灾害防治及自救、互救与现场急救的相关知识，熟悉避灾路线，发生意外时能迅速采取紧急安全措施，防止事态扩大，同时向上级汇报。

（9）认真填写采煤机运转日志和事故记录，严格执行现场交接班制度，要将本班组设备运行情况详细告知接班操作工。

（10）依法参加采煤机操作工的岗位安全培训，定期复训，持证上岗。

二、煤矿采煤机操作工在防治灾害中的作用

（1）在瓦斯事故预防方面的作用。瓦斯爆炸是煤矿生产的主要灾害之一，煤矿一旦发生瓦斯爆炸，危害十分严重。采煤机司机在采煤工作中控制好采煤机牵引速度，与支架工密切配合，及时支护，防止冒顶、片帮，以减少瓦斯逸出；充分利用采煤机上安装的甲烷断电仪，密切关注采煤工作面各处的瓦斯变化情况，发现瓦斯超限及时报告并采取相应的措施；注意经常检查采煤机电气装置的防爆情况；工作面遇有坚硬夹石时，采取松动爆破措施处理，禁止使用采煤机强行截割，这样可有效地预防瓦斯事故的发生。

（2）在矿尘防治方面的作用。采煤机司机在采煤系统中，要密切配合注水降尘的工作；经常检查采煤机的内外喷雾装置，保证其可靠有效地喷雾装置降尘；注意经常观察喷雾系统压力仪表，做到截煤时即喷雾降尘，无水或喷雾装置损坏时即停机。这样可以减轻或消除矿尘对采煤工作的不利影响，避免煤尘爆炸事故的发生。

（3）在矿井火灾防治方面的作用。采煤机司机应注意经常检查采煤机电气装置的防爆；在采煤机运行中，注意观察电缆水管拖移装置的拖移情况，发现有刮卡现象，及时紧急停机处理，以防电缆刮断引发电缆短路；操作控制好采煤机，严格控制工程质量，根据煤厚度及时升降摇臂调整采高，避免采煤机飘刀或啃底，为顺利推动刮板输送机移架创造条件，提高采煤机装煤效果，以减少浮煤量；在采煤过程中，注意观察煤炭自燃等火灾事故隐患，发现情况及时报告。

（4）在矿井水害方面的作用。采煤机司机在采煤工作中，要密切配合采煤工作面的探放水安全管理工作；熟悉并注意观察采煤工作面的突水预兆，发现水害隐患及时报告；熟悉水害避灾撤出路线。这样可有效地避免或减轻水害的影响。

（5）在矿井顶板灾害防治方面的作用。顶板事故会造成井下人员伤亡、设备损害、生产停顿等事故，是煤矿生产的主要灾害之一，在采煤机操作过程中，注意做到不破顶作业或少破顶，保护顶板完整。

（6）在特殊条件下防治煤矿灾害方面的作用。由于地质条件复杂多变，采掘工作面难免会遇到一些地质变化，如工作面遇到断层、褶曲、火成岩侵入或冲刷带等地质变化，或遇到过老巷、工作面始采和终采等，给开采造成安全隐患。

（7）在采煤机司机操作方面预防煤矿生产事故的作用。采煤机司机懂得设备的结构、原理、性能，以及采煤工艺，并会正确操作、会检查、会维护保养和会排除故障；通过正确操作采煤机，可有效地预防采煤机和相关采煤设备所引起的机电设备运行事故和人身伤害事故的发生。

复习思考题

1. 我省煤矿生产的特点有哪些？
2. 我省煤矿主要危险因素有哪些？

第四章　煤矿职业病防治和自救、互救及现场急救

知识要点

☆ 煤矿职业病防治与管理

☆ 煤矿从业人员职业病预防的权利和义务

☆ 自救与互救

☆ 现场急救

第一节　煤矿职业病防治与管理

一、煤矿常见职业病

凡是在生产劳动过程中由职业危害因素引起的疾病都称为职业病。但是，目前所说的职业病只是国家明文规定列入职业病名单的疾病，称为法定职业病。尘肺病是我国煤炭行业主要的职业病，煤矿职工尘肺病总数居全国各行业之首。煤矿常见的职业病如下：

（1）硅肺是由于职业活动中长期吸入含游离二氧化硅 10% 以上的生产性粉尘（硅尘）而引起的以肺弥漫性纤维化为主的全身性疾病。

（2）煤矿职工尘肺病是由于在煤炭生产活动中长期吸入煤尘并在肺内滞留而引起的以肺组织弥漫性纤维化为主的全身性疾病。

（3）水泥尘肺病是由于在职业活动中长期吸入较高浓度的水泥粉尘而引起的一种尘肺病。

（4）一氧化碳中毒主要为急性中毒，是吸入较高浓度一氧化碳后引起的急性脑缺氧疾病，少数患者可有迟发的神经精神症状。

（5）二氧化碳中毒。低浓度时呼吸中枢兴奋，如浓度达到 3% 时，呼吸加深；高浓度时抑制呼吸中枢，如浓度达到 8% 时，呼吸困难，呼吸频率增加。短时间内吸入高浓度二氧化碳，主要是对呼吸中枢的毒性作用，可致死亡。

（6）二氧化硫中毒主要通过呼吸道吸入而发生中毒作用，以呼吸系统损害为主。

（7）硫化氢中毒。硫化氢是具有刺激性和窒息性的气体，主要为急性中毒，短期内吸入较大量硫化氢气体后引起的以中枢神经系统、呼吸系统为主的多脏器损害的全身性疾病。

（8）氮氧化物中毒主要为急性中毒，短期内吸入较大量氮氧化物气体，引起的以呼吸系统损害为主的全身性疾病。主要对肺组织产生强烈的腐蚀作用，可引起支气管和肺水肿，重度中毒者可发生窒息死亡。

（9）氨气中毒。氨为刺激性气体，低浓度对眼和上呼吸道黏膜有刺激作用。高浓度氨会引起支气管炎症及中毒性肺炎、肺水肿、皮肤和眼的灼伤。

（10）职业性噪声聋是在职业活动中长期接触高噪声而发生的一种进行性的听觉损伤。由功能性改变发展为器质性病变，即职业性噪声聋。

（11）煤矿井下工人滑囊炎是指煤矿井下工人在特殊的劳动条件下，致使滑囊急性外伤或长期摩擦、受压等机械因素所引起的无菌性炎症改变。

二、煤矿职业病防治

职业病是人为的疾病，其发生发展规律与人类的生产活动及职业病的防治工作的好坏直接相关，全面预防控制病因和发病条件，会有效地降低其发病率，甚至使其职业病消除。

煤矿作业场所职业病防治坚持"以人为本、预防为主、综合治理"的方针；煤矿职业病防治实行国家监察、地方监管、企业负责的制度，按照源头治理、科学防治、严格管理、依法监督的要求开展工作。职业病的控制包括：

1. 煤矿粉尘防治

应实施防降尘的"八字方针"，即"革、水、风、密、护、管、教、查"。

"革"即依靠科技进步，应用有利于职业病防治和保护从业人员健康的新工艺、新技术、新材料、新产品，坚决淘汰职业危害严重的生产工艺和作业方式，减少职业危害因素，这是最根本、最有效的防护途径。

"水"即大力实施湿式作业，增加抑尘剂，再结合适当的通风，大大降低粉尘的浓度，净化空气，降低温度，有效地改善作业环境，降低工作环境对身体的有害影响。

"风"即改善通风，保证足够的新鲜风流。

"密"即密闭、捕尘、抽尘，能有效防止粉尘飞扬和有毒有害物质漫散对人体的伤害。

"护"即搞好个体防护，是对技术防尘措施的必要补救；作业人员在生产环境中粉尘浓度较高时，正确佩戴符合国家职业卫生标准要求的防尘用品。

"管"是加强管理，建立相关制度，监督各项防尘设施的使用和控制效果。

"教"是加强宣传教育，包括定期对作业人员进行职业卫生培训。

"查"是做好职业健康检查，做到早发现病损、早调离粉尘作业岗位，加强对作业场所粉尘浓度检测及监督检查等。

2. 有毒有害气体防治

由于煤矿的特殊地质条件和生产工艺，煤矿有毒有害气体的种类是明确的，相应的控制方法和原则主要有：

（1）改善劳动环境。加强井下通风排毒措施，使作业环境中有毒有害气体浓度达到国家职业卫生要求。

（2）加强职业安全卫生知识培训教育。严格遵守安全操作规程，各项作业均应符合

《煤矿安全规程》规定。例如：使用煤矿许用炸药爆破；炮烟吹散后方可进入工作面作业；对二氧化碳高压区应采取超前抽放等。

（3）设置警示标识。例如：井下通风不良的区域或不通风的旧巷内，应设置明显的警示标识；在不通风的旧巷口要设栅栏，并挂上"禁止入内"的牌子，若要进入必须先行检查，确认对人体无伤害方可进入。

（4）做好个体防护。对于确因工作需要进入有可能存在高浓度有毒有害气体的环境中时，在确保良好通风的同时作业人员应佩戴相应的防护用品。

（5）加强检查检测。应用各种仪器或煤矿安全监测监控系统检测井下各种有毒有害气体的动态，定期委托有相应资质的职业卫生技术服务机构对矿井进行全面检测评价，找出重点区域或重点生产工艺，重点防控。

3. 煤矿噪声防治

（1）控制噪声源。一是选用低噪声设备或改革工艺过程、采取减振、隔振等措施；二是提高机器设备的装配质量，减少部件之间的摩擦和撞击以降低噪声。

（2）控制噪声的传播。采用吸声、隔声、消声材料和装置，阻断和屏蔽噪声的传播。

（3）加强个体防护。在作业现场噪声得不到有效控制的情况下，正确合理地佩戴防噪护具。

三、煤矿职业病管理

1. 建立职业危害防护用品制度

建立职业危害防护用品专项经费保障、采购、验收、管理、发放、使用和报废制度。应明确负责部门、岗位职责、管理要求、防护用品种类、发放标准、账目记录、使用要求等。

2. 建立职业危害防护用品台账

台账中应体现职业危害防护用品种类、进货数量、发出数量、库存量、验收记录、发放记录、报废记录、有关人员签字等。不得以货币或者其他物品替代按规定配备的劳动防护用品。

3. 使用的职业危害防护用品合格有效

必须采购符合国家标准或者行业标准的职业危害防护用品，不得使用超过使用期限的防护用品。所采购的职业危害防护用品应有产品合格证明和由具有安全生产检测检验资质的机构出具的检测检验合格证明。

4. 按标准配发职业危害防护用品

根据煤矿实际，按照国家或行业标准制定本单位职业危害防护用品配发标准，并应告知作业人员。在日常工作中应教育和督促接触较高浓度粉尘、较强噪声等职业危害因素的作业人员正确佩戴和使用防护用品。

5. 健康检查

煤矿企业要依法组织从业人员进行职业性健康体检，上岗前要掌握从业人员的身体情况，发现职业禁忌症者要告知其不适合从事此项工作。在岗期间对作业职工的检查内容要有针对性，并及时将检查结果告知职工，对检查的结果要进行总结评价，确诊的职业病要及时治疗。对接触职业危害因素的离岗职工，要进行离岗前的职业性健康检查，按照国家规定安置职业病病人。

第二节　煤矿从业人员职业病预防的权利和义务

一、从业人员职业病预防的权利

《职业病防治法》第三十九条规定，劳动者享有下列职业卫生保护权利：

（1）接受职业卫生教育、培训。

（2）获得职业健康检查、职业病诊疗、康复等职业病防治服务。

（3）了解工作场所产生或者可能产生的职业病危害因素、危害后果和应当采取的职业病防护措施。

（4）要求用人单位提供符合防治职业病要求的职业病防护设施和个人使用的职业病防护用品，改善工作条件。

（5）对违反职业病防治法律、法规以及危及生命健康的行为提出批评、检举和控告。

（6）拒绝违章指挥和强令进行没有职业病防护措施的作业。

（7）参与用人单位职业卫生工作的民主管理，对职业病防治工作提出意见和建议。

二、从业人员职业病预防的义务

《职业病防治法》第三十四条规定："劳动者应当学习和掌握相关的职业卫生知识，遵守职业病防治法律、法规、规章和操作规程，正确使用、维护职业病防护设备和个人使用的职业病防护用品，发现职业病危害事故隐患应当及时报告。"

这些都是煤矿从业人员应当履行的义务。从业人员必须提高认识、严格履行上述义务，否则用人单位有权对其进行批评教育。

第三节　自　救　与　互　救

在矿井发生灾害事故时，灾区人员在万分危急的情况下，依靠自己的智慧和力量，积极、科学地采取救灾、自救、互救措施，是最大限度减少损失的重要环节。

自救是指在矿井发生灾害事故时，在灾区或受灾害影响区域的人员进行避灾和保护自己。互救则是在有效地自救前提下，妥善地救护他人。自救和互救是减轻事故伤亡程度的有效措施。

一、及时报告

发生灾害事故后，现场人员应尽量了解或判断事故性质、地点、发生时间和灾害程度，尽快向矿调度汇报，并迅速向事故可能波及的区域发出警报。

二、积极抢救

灾害事故发生后，处于灾区以及受威胁区域的人员，应根据灾情和现场条件，在保证自身安全的前提下，采取有效的方法和措施，及时进行现场抢救，将事故消灭在初始阶段或控制在最小范围。

三、安全撤离

当受灾现场不具备事故抢救的条件，或抢救事故可能危及人员安全时，应按规定的避灾路线和当时的实际情况，以最快的速度尽量选择安全条件最好、距离最短的路线，迅速撤离危险区域。

四、妥善避灾

在灾害现场无法撤退或自救器有效工作时间内不能到达安全地点时，应迅速进入预先筑好的或就近快速建造的临时避难硐室，妥善避灾，等待矿山救护队的救援。

第四节　现　场　急　救

现场急救的关键在于"及时"。为了尽可能地减轻痛苦，防止伤情恶化，防止和减少并发症的发生，挽救伤者的生命，必须认真做好煤矿现场急救工作。

现场创伤急救包括人工呼吸、心脏复苏、止血、创伤包扎、骨折的临时固定、伤员搬运等。

一、现场创伤急救

（一）人工呼吸

人工呼吸适用于触电休克、溺水、有害气体中毒、窒息或外伤窒息等引起的呼吸停止、假死状态者、短时间内停止呼吸者，以上情况都能用人工呼吸方法进行抢救。人工呼吸前的准备工作如下：

（1）首先将伤者运送到安全、通风、顶板完好且无淋水的地方。

（2）将伤者平卧，解开领口，放松腰带，裸露前胸，并注意保持体温。

（3）腰前部要垫上软的衣服等物，使胸部张开。

（4）清除口中异物，把舌头拉出或压住，防止堵住喉咙，影响呼吸。

采用头后仰、抬颈法或用衣、鞋等物塞于肩部下方，疏通呼吸道。

1. 口对口吹气法（图4-1）

首先将伤者仰面平卧，头部尽量后仰，救护者在其头部一侧，一手掰开伤者的嘴，另一手捏紧其鼻孔；救护者深吸一口气，紧对伤者的口将气吹入，然后立即松开伤者的口鼻，并用一手压其胸部以帮助呼气。

捏鼻张嘴　　　　贴紧吹气　　　　放松换气

图4-1　口对口吹气法

如此每分钟 14~16 次，有节律、均匀地反复进行，直到伤者恢复自主呼吸为止。

2. 仰卧压胸法（图 4-2）

将伤者仰卧，头偏向一侧，肩背部垫高使头枕部略低，急救者跨跪在伤者两大腿外侧，两手拇指向内，其余四指向外伸开，平放在其胸部两侧乳头之下，借半身重力压伤者胸部挤出其肺内空气；接着使急救者身体后仰，除去压力，伤者胸部依靠弹性自然扩张，使空气吸入肺内。以上步骤按每分钟 16~20 次，有节律、均匀地反复进行，直至伤者恢复自主呼吸为主。

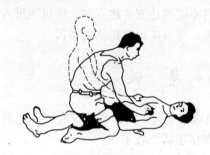

图 4-2　仰卧压胸法

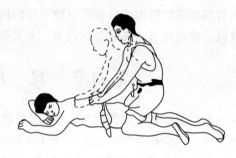

图 4-3　俯卧压背法

3. 俯卧压背法（图 4-3）

此操作方法与仰卧压胸法基本相同，仅是将伤者俯卧，救护者跨跪在其大腿两侧。此法比较适合对溺水急救。

4. 举臂压胸法（图 4-4）

将伤者仰卧，肩胛下垫高、头转向一侧，上肢平放在身体两侧。救护者的两腿跪在伤者头前两侧，面对伤者全身，双手握住伤者两前臂近腕关节部位，把伤者手臂直过头放平，胸

举臂吸气

图 4-4　举臂压胸法

部被迫形成吸气；然后将伤者双手放回胸部下半部，使其肘关节屈曲成直角，稍用力向下压，使胸廓缩小形成呼气，依次有节律的反复进行。此法常用于小儿，不适合用于胸肋受伤者。

（二）心脏复苏

心脏复苏是抢救心跳骤停的有效方法，但必须正确而及时地作出心脏停跳的判断。心脏复苏主要有心前区叩击法和胸外心脏按压术两种方法。

1. 心前区叩击法（图 4-5）

此法适用于心脏停搏在 90 s 内，使伤者头低脚高，救护者以左手掌置其心前区，右手握拳，在左手背上轻叩；注意叩击力度和观察效果。

2. 胸外心脏按压术（图 4-6）

此法适用于各种原因造成的心跳骤停者，在心前区叩击术时，应立即采用胸外心脏按压术，将伤者仰卧在硬板或平地上，头稍低于心脏水平，解开上衣和腰带，脱掉胶鞋。救护者位于伤者左侧，手掌面与前臂垂直，一手掌面压在另一手掌面上，使双手重叠，置于伤者胸骨 1/3 处，以双肘和臂肩之力有节奏地、冲击式地向脊柱方向用力按压，使胸骨压下 3~4 cm。

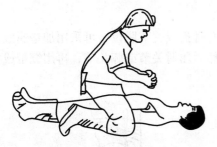

图4-5　心前区叩击法

图4-6　胸外心脏按压术

按压后迅速抬手使胸骨复位，以利于心脏的舒张。以上步骤每分钟60~80次，有节律、均匀地反复进行，直至伤者恢复心脏自主跳动为止。此法应与口对口吹气法同时进行，一般每4~5次，口对口吹气1次。

（三）止血

针对出血的类别和特征，常用的暂时性止血方法有以下5种。

图4-7　加压包扎止血法

1. 加压包扎止血法（图4-7）

将干净毛巾或消毒纱布、布料等盖在伤口处，随后用布带适当加压包扎，进行止血。主要用于静脉出血的止血。

2. 指压止血法（图4-8）

用手指、手掌或拳头将出血部位靠近心脏一端的动脉用力压住，以阻断血流。适用于头、面部及四肢的动脉出血。采用此法止血后，应尽快准备采用其他更有效的止血措施。

手指的止血压点及止血区域　　手掌的止血压点及止血区域　　前臂的止血压点及止血区域　　肱骨动脉止血及止血区域

下肢骨动脉止血压点及止血区域　　前头部止血压点及止血区域　　后头部止血压点及止血区域　　面部止血压点及止血区域

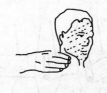

锁骨下动脉止血压点及止血区域　　颈动脉止血压点及止血区域

图4-8　指压止血法

3. 加垫屈肢止血法（图4-9）

当前臂和小腿动脉出血不能制止时，如果没有骨折或关节脱位，可采用加垫屈肢止血法。在肘窝处或膝窝处放上叠好的毛巾或布卷，然后屈肘关节或膝关节，再用绷带或宽布条等将前臂与上臂或小腿与大腿固定好。

图4-9　加垫屈肢止血法　　　　　图4-10　绞紧止血法

4. 绞紧止血法（图4-10）

如果没有止血带，可用毛巾、三角巾或衣料等折叠成带状，在伤口上方给肢体加垫，然后用带子绕加垫肢体一周打结，用小木棒插入其中，先提起绞紧至伤口不出血，然后固定。

5. 止血带止血法（图4-11）

（1）在伤口近心端上方先加垫。

（2）救护者左手拿止血带，上端留5寸，紧贴加垫处。

（3）右手拿止血带长端，拉紧环绕伤肢伤口近心端上方两周，然后将止血带交左手中、食指夹紧。

（4）左手中、食指夹止血带，顺着肢体下拉成下环。

（5）将上端一头插入环中拉紧固定。

（6）伤口在上肢应扎在上臂的上1/3处，伤口在下肢应扎在大腿的中下1/3处。

图4-11　止血带止血法

（四）创伤包扎

创伤包扎具有保护伤口和创面减少感染、减轻伤者痛苦、固定敷料、夹板位置、止血和托扶伤体以及减少继发损伤的作用。包扎的方法如下：

1. 绷带包扎法（图4-12、图4-13）

（1）环形法。

（2）螺旋法。

（3）螺旋反折法。

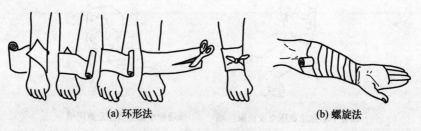

(a) 环形法　　　　　　　　　(b) 螺旋法

图4-12　绷带包扎法（一）

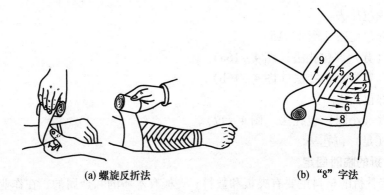

(a) 螺旋反折法　　　　　　　　　　(b) "8" 字法

图4-13　绷带包扎法（二）

（4）"8" 字法。

2. 毛巾包扎法（图4-14～图4-17）

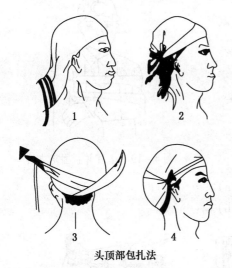

头顶部包扎法　　　　　　　　　　肩部包扎法

图4-14　毛巾包扎法（一）　　　　图4-15　毛巾包扎法（二）

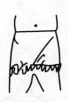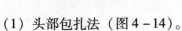

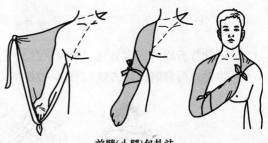

(a) 胸(背)部包扎法　　(b) 腹(臀)部包扎法　　　　　前臂(小腿)包扎法

　　图4-16　毛巾包扎法（三）　　　　图4-17　毛巾包扎法（四）

（1）头部包扎法（图4-14）。

（2）面部包扎法。

（3）下颌包扎法。

（4）肩部包扎法（图4-15）。

（5）胸（背）部包扎法（图4-16a）。

（6）腹（臀）部包扎法（图4-16b）。

（7）膝部包扎法。

（8）前臂（小腿）包扎法（图4-17）。

（9）手（足）包扎法。

（五）骨折的临时固定

临时固定骨折的材料主要有夹板和敷料。夹板有木质的和金属的，在作业现场可就地取材，利用木板、木柱等制成。

（1）前臂及手部骨折固定方法（图4-18）。

（2）上臂骨折固定方法（图4-19）。

图4-18　前臂及手部骨折固定方法　　　图4-19　上臂骨折固定方法

（3）大腿骨折临时固定方法（图4-20a）。

（4）小腿骨折临时固定方法（图4-20b）。

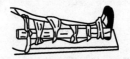

(a) 大腿骨折临时固定方法　　　(b) 小腿骨折临时固定方法

图4-20　腿部骨折临时固定法

（5）锁骨骨折临时固定方法（图4-21a、图4-21b）。

（6）肋骨骨折临时固定方法（图4-21c）。

(a) 锁骨　　　　　(b) 锁骨　　　　　(c) 肋骨

图4-21　锁骨、肋骨骨折临时固定方法

（六）伤员搬运

经过现场急救处理的伤者，需要搬运到医院进行救治和休养。

1. 担架搬运法

（1）抬运伤者方向，如图 4 - 22、图 4 - 23 所示。

担架向高处（上）和向低处（下）抬

图 4 - 22　抬运伤者时伤者头在后面　　图 4 - 23　抬运担架时保持担架平稳

（2）对脊柱、颈椎及胸、腰椎损伤的伤者，应用硬板担架运送，如图 4 - 24 所示。

（3）对腹部损伤的伤者，搬运时应将其仰卧于担架上，膝下垫衣物，如图 4 - 25 所示，使腿屈曲，防止因腹压增高而加重腹痛。

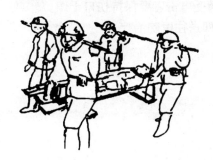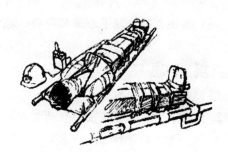

图 4 - 24　抬运脊柱、颈椎及胸、腰椎损伤的伤者　　图 4 - 25　腹部骨盆损伤的伤者应仰卧在担架上

2. 徒手搬运法

（1）单人徒手搬运法。

（2）双人徒手搬运法。

二、不同伤者的现场急救方法

1. 井下长期被困人员的现场急救

（1）禁止用灯光刺激照射眼睛。

（2）被困人员脱险后，体温、脉搏、呼吸、血压稍有好转后，方可送往医院。

（3）脱险后不能进硬食，且少吃多餐，恢复胃肠功能。

（4）在治疗初期要避免伤员过度兴奋，发生意外。

2. 冒顶埋压伤者的现场急救

被大矸石、支柱等重物压住或被煤矸石掩埋的伤者，由于受到长时间挤压会出现肾功能衰竭等症状，救出后进行必要的现场急救。

3. 有害气体中毒或窒息伤者的现场急救

（1）将中毒或窒息伤者抢运到新鲜风流处，如受有害气体威胁一定要带好自救器。

（2）对伤者进行卫生处理和保暖。

（3）对中毒或窒息伤者进行人工呼吸。

（4）二氧化硫和二氧化氮的中毒者只能进行人工呼吸。

（5）人工呼吸持续的时间以真正死亡为止。

4. 烧伤伤者的现场急救

煤矿井下的烧伤应采取灭、查、防、包、送。

5. 溺水人员的现场急救（图4-26）

煤矿井下的溺水应采取转送、检查、控水、人工呼吸。

6. 触电人员的现场急救

（1）立即切断电源或采取其他措施使触电者尽快脱离电源。

（2）伤者脱离电源后进行人工呼吸和胸外心脏按压。

图4-26　控水

（3）对遭受电击者要保持伤口干燥。

（4）触电人员恢复了心跳和呼吸，稳定后立即送往医院治疗。

复习思考题

1. 煤矿粉尘的控制方针是什么？

2. 煤矿从业人员职业病预防的义务有哪些？

3. 互救的目的是什么？

4. 在井下搬运颈椎受到损伤的伤员时，应注意哪些事项？

第五章 采 煤 技 术

知识要点

☆ 掌握《煤矿安全规程》对滚筒采煤机采煤时的要求

☆ 了解滚筒采煤机的进刀方式

☆ 了解滚筒采煤机的割煤方式

☆ 了解循环作业与劳动组织

☆ 掌握设备管理和要求

第一节 采煤方法的分类

一、露天开采

（一）露天开采特点及工艺环节

1. 露天开采特点

露天开采的特点是采掘空间直接敞露于地表，为了采煤需剥离煤层上覆及其四周的土岩。因此，采场内建立的露天沟道线路系统除担负着煤炭运输外，还需将比煤量多几倍的土岩运往指定的排土场。所以露天开采是采煤和剥离两部分作业的总称。

2. 生产工艺环节

露天开采工艺环节分主要生产环节和辅助生产环节两类。

1）主要生产环节

（1）煤岩预先松碎。采掘设备的切割力是有限度的，除软岩可以直接采掘外，对中硬以上的煤岩必须进行预先松碎后方能采掘。

（2）装煤。利用采掘设备将工作面煤岩铲挖出来，并装入运输设备的过程。

（3）运输。采掘设备将煤岩装入运输设备后，煤被运至卸煤站或选煤厂，土岩运往指定的排土场。

（4）排土和卸煤。土岩按一定程序有计划地排放在规定的排土场内，煤被卸至选煤厂或煤场。

2）辅助环节

（1）动力供应。

（2）疏干及防排水。

（3）设备维修。

（4）线路修筑、移设和维修。

（5）滑坡清理及防治。

（二）露天开采的优缺点

（1）矿山生产规模大。

（2）劳动效率高。

（3）生产成本低。

（4）资源采出率高。一般可达90%以上，还可对伴生矿产综合开发。

（5）作业空间不受限制。露天矿由于开采后形成的敞露空间，可以选用大型或特大型的设备，因而开采强度较大。

（6）木材、电力消耗少。

（7）建设速度快，产量有保障，生产安全劳动条件较好。

（8）占用土地多，污染环境。露天开采后的复田作业需花费相当数量的时间与资金。

（9）受气候影响大。严寒、风雪、酷暑、暴雨等会影响生产。

（10）对矿床赋存条件要求严格。露天开采范围受到经济条件限制，因此覆盖层太厚或埋藏较深的煤层尚不能用露天开采法。

（三）开采工艺分类

无论是采煤或是剥离，其开采工艺都与所使用的设备有关。因此可以分为机械开采工艺和水利开采工艺两大类。机械开采工艺在露天开采中占的比重较大，按主要采运设备的作业特征，又可分为：

（1）间断式开采工艺。此种开采工艺中的采装、运输和排土作业是间断进行的。

（2）连续式开采工艺。该工艺在采煤、运输和排卸3大主要生产环节中，物料的运送是连续的。

（3）半连续式开采工艺。整个生产工艺中，一部分生产环节是间断式的，另一部分生产环节是连续式的。

上述各种机械开采工艺各有其适用条件和优点，间断式开采工艺适用于各种硬度的煤岩和赋存条件，故在我国及世界上得到广泛应用。而连续式开采工艺生产能力高，是开采工艺的发展方向，但对岩性有严格的要求，一般适用于开采松软土岩。

半连续开采工艺是介于间断式和连续式工艺之间的一种方式，具有两种工艺的优点，在采深大及矿岩运距远的露天矿山中有很大的发展前途。

水利开采工艺主要是利用水枪冲采土岩进行剥离。运输可以是自流式，也可以利用管道加压运输至水利排土场。

上述各种开采工艺，在适宜的条件下都会产生较好的经济效益。所以，如何根据矿山条件来选择开采工艺是采矿工作者的一项重要任务。

二、井工开采

（一）煤矿生产计划的基础条件

一般来说，井工开采或采煤作业中采煤工作面的煤炭切割、装载、支护、采空区处理、采煤面或回采巷道的运输、采空区的瓦斯处理等事项，是煤矿最主要的生产环节。因此，选择采煤方法要慎重，且必须有利于煤矿长期的生产计划。根据下面采煤方法的基本事项，选择采煤方法。

（1）根据自然条件进行巷道布置设计，确定生产量投入适当的资金。

（2）设定掘进长度、掘进方式。

（3）设定采煤面的出煤量、采煤方式。

（4）运输方式、通风方式、充填方式及安全对策。

（5）采煤准备作业。

（6）采用适当的采煤机械。

（7）采煤作业的技能。

（8）确立综合的生产计划、人员计划、成本计划。

（二）决定采煤方法的 3 要素

（1）采煤作业必须确保安全。煤矿运营期间最主要的任务就是采煤，含有安全隐患的、暂时的高效率生产，不能保证煤矿长久的生产。所以煤矿生产必须确保安全。

（2）尽可能的实施完全采煤。煤炭资源是地下贵重有限的能源，特别是井下开采投入了巨大的资金，应该最大限度的完全开采。

（3）提高作业效率，使每吨煤的材料消耗量限制在最低程度，且又是经济合理的方法。煤矿的经营必须要考虑经济合理，技术上应该是少劳力、少费用，实现多出煤的效果。可以说整个煤矿每吨的经费与出煤量的效率有很大的关系。

因此，实现安全的、完全的、经济的目的是决定采煤方法的 3 要素。

（三）采区的划分和采煤集中化

1. 采区的划分

煤矿的开采方式是井工开采方式，所以对自然地质条件的勘探应该尽可能详细和正确把握，如矿田的形状、煤层的分布、断层、其他地质条件等。对整个煤田划分成几个采掘区域，决定各区域的生产顺序，进行开发、采掘，一个采掘区域结束后，再进行下一个采掘区域开采。

煤炭开采要有计划性。采区设计要尽可能使巷道使用时间加长，减少巷道损失，避免运输、通风、排水等系统的复杂化。开采结束后，对采区巷道要尽早地放弃、封闭，断绝通风，防止自燃、有毒瓦斯的发生。

2. 采煤集中化

采用采区集中开采方式有利于减少巷道的维护成本，提高各设备管理效率。根据煤炭生产计划，煤炭的开采应该集中在几个采区或集中在几个采煤工作面。单个采煤工作面的出煤量与煤矿运营有着直接的联系。

增加单个采煤面出煤量方法是选用与自然条件相适应的掘进、运输、采煤机械化。

采煤集中化的要领是采煤面的移动。根据采煤工作面推进情况进行巷道掘进，确保掘进能力。采煤面的出煤能力也要求后方的运输能力的均衡。运输能力不均衡时，确保计划生产量是有难度的。

（四）采煤法的选定和自然条件

采煤方法的选定受很多因素的影响，其中决定采煤方法的主要因素是自然条件。自然条件包括：

（1）煤层厚度（总煤层厚度、单煤层厚度）。

（2）煤层的倾角。

（3）顶、底板特性。

（4）层次的关系。

（5）是否含硫化铁及夹矸层。

（6）断层的有无及性质。

（7）瓦斯及出水的多少。

（8）自然发火的可能性。

（9）煤层的深度及与地表的关系。

（10）煤种、地压及煤的硬度。

（11）其他条件（河川下、海底下的开采限制等）。

上述的条件中，影响采煤方法的选定的最大因素是煤层的厚度和煤层的倾角。

第二节　房柱式采煤法

房柱式采煤法是在一定的开采区域，掘进纵横两个方向的巷道，划分煤柱进行开采的方法。实际开采又分为两种：一是巷道掘进的出煤方式；二是巷道掘进至开采区域的边界，从划出的煤柱深部开始顺序开采。

一、单柱房式采煤法的应用条件

为高效率的房柱式采煤法。自然条件应具备以下几点：

（1）平均倾角在 10°以下的缓倾斜煤层。

（2）煤层的顶、底板良好。

（3）瓦斯的涌出量少。

（4）断层少、煤层稳定。

（5）煤量丰富、煤层厚度为 1.0～3.0 m。

二、双柱房式采煤法的优点

（1）与机械化长壁式相比，适用的自然条件范围广。

（2）处理一定程度的煤层倾斜的突变（急倾斜除外）、煤层的厚度变化、断层的存在、顶、底板特性变化等较容易。

（3）可以开采因断层存在长壁法不能开采的区域。

（4）可以开采因保护井下设施或由于抑制地表下沉，或保护地面建筑物等设立的保护煤柱。

（5）可以开采浅部海底下的煤层。实现不适于开采区域回采。

（6）初期投资比较少。

三、房柱式采煤法的缺点

（1）回采率不高（仅有60%～70%）。

（2）与长壁式开采法相比，顶板的垮落灾害较多。

（3）随着地压的增大，深部开采受到限制（深度仅能达到 500 m 左右）。

（4）大量残煤，对易自燃的煤层存在安全隐患。

尽管房柱式采煤法的回采率较低，但近年随着机械化的发展，采掘手段也得到了改善，也出现了高效率、高回采率的煤矿。以下是几个房柱式采煤法的代表实例。

四、房柱式采煤法的例子

【实例 1】

使用滚筒采煤机按号码顺序采掘多数巷道（图 5 - 1 的实例是 5 条，最高可达 10 条，这些巷道称为通道），将煤层按盘目状分割形成煤柱（房柱式的基本形态属于煤柱式，相对应煤柱的巷道通常称为房或室）。

随着巷道的掘进，运输设备的带式输送机、转载机、破碎机也相应地延伸。巷道掘进至采掘区域的边界形成网络，如图 5 - 2 所示，使用链式连续采煤机按顺序进行开采，即所谓的煤柱式开采。

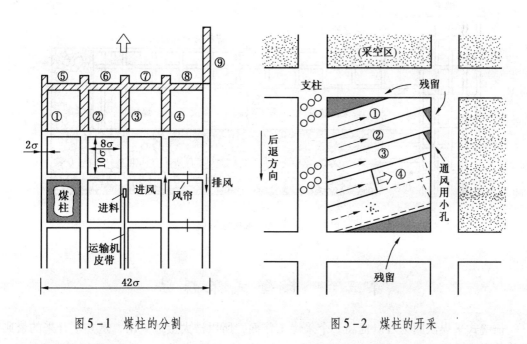

图 5 - 1 煤柱的分割　　　　　　图 5 - 2 煤柱的开采

从深部的边界开始，开采煤炭直到出发点。相邻采区也是同样的方法进行巷道掘进、煤炭开采，直到开采结束。

巷道用布帘或木板分开，5 个巷道其中 3 个中央巷道是进风巷道，两侧是排风巷道。在中央的运输巷中为了防止煤尘的发生，应该限制风速和少量的风量。

为了防止各巷道间的漏风，也有采用一侧的 3 个是进风巷道，另一侧的 2 个是排风巷道。

根据岩质、地质状况的不同，一般在采空区面积达到 4000 ~ 16000 m² 时，顶板岩石开始垮落。一旦顶板产生裂缝，通常的情况是随着采煤的掘进，预板开始有规则的塌落。

因此，从安全的角度，煤炭开采时对顶板进行支护是有必要的。如图 5 - 2 所示对煤柱并不是完全的开采，部分的留有通风小孔程度的残煤，终止链式联合采煤机的开采。必要时实施支护作业。

开采深度的增加，局部顶板条件恶化，通风用的小孔也成为安全的隐患，通风孔增大，对采掘计划有影响，因此有必要保留煤柱，但回采率下降。

【实例 2】

从掘进巷道数量看，煤柱开采要比掘进时的巷道数量少，所以应尽可能采用煤柱开采，提高出煤效率。

如图 5 - 3 所示，从主巷道掘进，每组 3 个平行的采区巷道，中间相隔 50 ~ 100 m。对采区巷道按一定间隔（15 ~ 30 m）再掘进巷道，对形成的煤柱用上述的链式连续采煤机进行开采。采区巷道的煤柱是从远部顺序开采，直至结束转移到邻近的采区。

为了提高出煤量，大多采用滚筒采煤机与刮板输送机相结合，穿梭运煤。4 套设备每日 3 班交替进行开采。

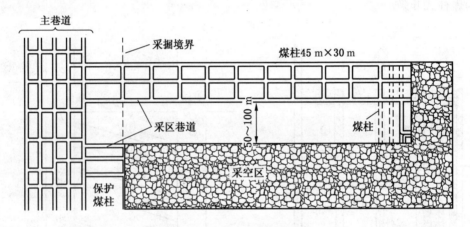

图 5 - 3　房柱式采煤法实例

第三节　长壁式采煤法

长壁式采煤法因为可以提高一个采煤工作面，所以被大量地采用，是井下开采的最典型的采煤方法。

一、长壁式采煤法的特征

（1）可以回采大部分的煤炭，回采率高。

（2）采煤工作面的出煤量高，采煤工作面可以实现集中化生产。

（3）因适用缓倾斜煤层，所以采煤、运输、支护比较容易，提高采煤效率。

（4）因可以集中采煤面，所以单位出煤量的巷道维护时间短。

（5）通风容易，自然发火现象少，安全上有利。

（6）可以利用地压现象，煤炭切割比较容易。

（7）采煤面发生顶板垮落或机械故障时，对出煤量影响很大。

二、前进式采煤法（图 5 - 4）

前进式采煤法是从采区的入口处就进行采煤，在维持采空区巷道的同时，采煤巷道和采煤面向远部（采区边界）前进开采的一种方法。

前进式的优点和缺点：

（1）一旦采煤工作面形成，就可以实施采煤作业，不需要很长的采煤准备时间。

（2）不需要很长的巷道掘进，所以初期投资少。

（3）断层、煤层变化多、瓦斯含量大的区域，实施探查或瓦斯抽放比较困难。

（4）必须维护采空区的工作面回风巷、工作面运输巷巷道。随着开采的进程，巷道的维护长度增大，维护费高。

（5）采空区的漏风是自燃隐患，巷道维护不良时，巷道断面变为狭小，是通风运输的障碍。

（6）充填作业是必要的，充填作业速度快于采煤速度。

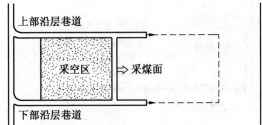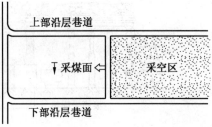

图 5 - 4　前进式采煤法　　　　　　　图 5 - 5　后退式采煤法

三、后退式采煤法（图 5 - 5）

后退式采煤法是从采区入口处先掘进沿层巷道，直到采区边界，设定采煤面进行开采，开采至入口处为止的一种方法。

后退式的优点和缺点：

（1）采煤的准备时间如巷道的掘进时间要长。

（2）掘进长度增加，初期投资额大。

（3）在掘进时可以掌握煤层的状况，了解瓦斯含量大的区域，预先实施瓦斯抽放作业。

（4）不需要维护采空区巷道。随着开采的后退，巷道长度减少，维护巷道容易，通风、运输也是有利的。

（5）没有采空区漏风现象，减少了自燃的隐患。

（6）预先掌握采区的地质条件，可以实施计划开采。

（7）不需要充填作业，可以安装重型采煤设备，制订高效率、高产量的采煤面计划。

上述介绍了前进式和后退式的优缺点，采用何种方式，要根据地层的状况、安全方面、巷道维护的难易程度等因素决定。但从巷道维护量、确保出煤计划、安全角度上看，后退式还是有利的。

通常长壁式采煤法的适用条件是缓倾斜煤层（0°～25°），煤层厚度 2～3 m，适合于机械化开采。倾斜角度为 25°以上的煤层，实施过支架的防倒塌、支架防滑落的辅助设备，但现在管理上有一些难度，一般的不采用长壁式采煤法。

四、厚煤层开采（分层开采）（图 5-6）

现在自行支架支护的发展，使近 4 m 厚的煤层开采成为可能。过去煤层厚度超过 3 m 时，分成两层进行开采。上层开采时，用带钢、型钢、金属网、坑木等，做成人工底板为第二层的顶板，再进行下层的开采。也有先开采下层、采空区实施充填作为下层的底板，再进行上层开采的方法。

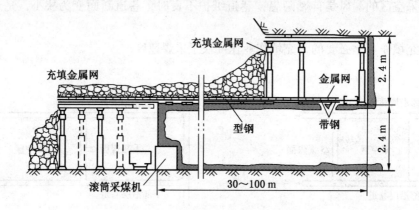

图 5-6　上部先采的二分层采煤法

五、急倾斜煤层开采（图 5-7、图 5-8）

急倾斜煤层开采法是 45°以上倾斜煤层的开采方法。在 1920 年左右，基本是残柱式或房柱上行阶段采煤法。但采煤的深度增加，回采率下降等很多问题出现，所以现在大多应用伪倾斜全充填采煤法。

这种采煤法是将 40°的以上倾斜煤层，做成倾斜角度为 25°～30°的采煤面，铺设铁板或中部槽，使开采的煤炭或充填材料自溜入巷道采空区的方法。通常是一名作业人员爆破采煤，一名作业人员进行充填，充填尽可能地接近煤壁，一般的不使用支柱支护。但是从上部溜下的煤炭等对下部作业人员构成危险，因此采煤面的倾斜角度改为 43°～45°。采煤面内做成数段的台阶，在每个台阶内进行落煤，实施支柱支护，即倒台阶方式。这样，从上部溜下的煤炭对下部人员也构不成危险，采煤面的长度也可以设定为 100 m 以上。

倒台阶采煤法如图 5-7 所示，伪倾斜工作面采煤法如图 5-8 所示。

急倾斜煤层开采的优缺点：

（1）采煤面内的煤炭运输是依靠重力顺着中部槽下滑，不需要动力。

（2）充填材料的运输需要大量的人员，出煤量受运进的充填材料影响。

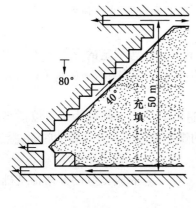
图 5-7 倒台阶采煤法

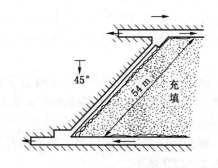
图 5-8 伪倾斜工作面采煤法

六、支柱、铰接顶梁、风镐采煤

(一) 落煤

采煤要求煤矿充分把握煤层的性质（煤节理）。煤节理对采煤影响很大，下面是重点介绍。

一般的煤层中存在着大量平行的细小裂纹，这就是煤节理。煤节理是地壳变动时释放的压力或张力，引起煤层的变化而产生的。其方向与顶板成 50°~90°，同一煤层中的节理方向基本是平行的。

煤节理的间隔一般是 1~10 m 左右，采煤时产生的二次压力也有可能生成煤节理，称为压力节理（顶板压力的作用形成煤炭的裂纹），方向与采煤面平行。充分利用这个现象，可以提高采煤效率。

煤节理与采煤面的关系有 3 种。第一种是与采煤面平行的煤节理，简称平行节理，此时煤质松软，采煤、掘进比较容易；第二种是与采煤面垂直的煤节理，简称垂直节理，此时煤质坚硬，采煤、掘进有一定的难度；第三种是处于中间状况，简称中间节理。

无论是风镐落煤还是刨煤机等的落煤，采煤效率受平行节理或垂直节理的影响很大。因此采煤面的设定应尽可能地平行于平行节理，应该是作业难易程度和对带式输送机等采煤设备的制约。

(二) 风镐落煤适用的煤层和条件

（1）瓦斯含量大，爆破或机械落煤存在危险的情况。

（2）不能机械切割的急倾斜煤层。

（3）煤质松软，没有必要实施爆破和机械落煤的情况。

（4）煤层的顶板非常脆弱，如用爆破、机械等落煤易引起顶板垮落的情况。

（5）人工费不高的情况。

(三) 风镐落煤的方法

风镐落煤中最主要的是地压的利用和风镐的使用方法。

煤层中存在着煤节理，采煤时由于顶、底板压力的作用，也产生节理，即压力节理。采煤时应该最大程度的生成压力节理，因此要充分考虑煤层的深度、顶、底板的性质和充填方法，保持一定的开采速度，充分应用压力节理的原理，进行开采。

效率高的风镐采煤应遵循以下事项：

（1）尽可能使风镐向下用力。风镐是有重量的，也有一定的反作用力。如果向上用力，效率低，还容易疲劳。除了天盘采煤以外的情况，尽可能的是从水平向下用力，节省体力。

（2）在采煤面做成开切槽。从采煤面正面进行开采，工作效力低。以适当的间隔做成开切槽，风镐的切割方向应该平行于采煤面的煤节理方向。开切槽的间隔一般是保持一个作业人员 1 m³ 的责任范围。

（3）倒台阶从上部开始采煤。从上部开始采煤，易形成良好的开切槽基础，开采的煤炭直接落到输送机上。

（4）尽可能形成大煤块。

（四）风镐使用的注意事项

（1）在风管接通风镐时，一定要先将风管吹干净，除去风管、压气管中的煤尘铁锈。同时要确认连接器的牢固状况，是为了防止作业中突然掉落或产生漏气。

（2）润滑油装在规定的容器内，按一定时间经常更换干净的润滑油。

（3）不使用变形、破损的风镐镐头。

（4）为了防止气压低，在极力防止漏气的同时，一台压缩机及送气管对应适当的风镐台数。

七、支柱、铰接顶梁、爆破采煤

利用爆破法开采时，伴随着瓦斯或煤尘爆炸的危险、煤炭粉化度增大、采煤面顶板条件的恶化等弊端，同时还需要安全地管理爆破用炸药，所以选择爆破法开采一定要慎重。

爆破法开采万不得已使用时，应该在没有上述弊端，且煤质坚硬或有硫化铁存在，或其他落煤设备不能适用的情况下进行。

钻孔爆破的方法：

（1）采煤面（煤层厚度 1.0~2.5 m）的爆破钻孔，一般是高于底板 0.8 m 处，间隔为 1.0 m，角度为 45°~55°，深度为 1.5~1.8 m 的一列爆破孔。

（2）爆破一般的方法是使用毫秒雷管，每组 5~6 发顺序点火。毫秒顺序爆破容易形成新的采面，也容易产生来自顶、底板的压力，有较高的爆破效果。

（3）煤炭坚硬爆破效果不理想时，可以缩短钻孔间隔，调整钻孔角度和长度，采用以适当的间隔上下排列的方法。

（4）钻机的选用上，使用麻花钻杆的螺旋钻机比凿岩机的效率要高。爆破用药是安全型的炸药。

（5）爆破方法是，在较长的采煤面沿风流方向顺序爆破。爆破人员不必要沿采煤面来回奔跑，或被烟雾笼罩，爆破产生的煤尘对后续爆破也不造成危险。

八、普通机械化采煤

（一）普通机械化采煤工艺

单滚筒采煤机普采工作面由滚用采煤机、刮板输送机、单体液压支柱、铰接顶梁等组成。

（1）当采煤机运行至工作面上切口时，翻转弧形挡煤板，将摇臂降下，开始自上而下运行，滚筒割底煤并装余煤。采煤机下行时负荷较小，牵引速度较快。滞后采煤机10～15 m，依次通过千斤顶推移刮板输送机；与此同时，刮板输送机机槽上的铲煤板清理机道上的浮煤。推移完刮板输送机后，开始支设单体液压支柱。支柱间的柱距，即沿煤壁方向的距离为0.6 m；排距，即垂直与煤壁方向的距离等于滚筒的截深（1.0 m）。

（2）当采煤机割底煤至工作面下切口时，支设好下端头处的支架，移直刮板输送机；采用直接推入法进刀，是采煤机滚筒进入新的位置，以便重新割煤。

工作面下切口长4 m，当采煤机运行至工作面下部终点位置时，其滚筒恰好到达切口位置，于是通过5台千斤顶（输送机机头处3台，中部槽处2台）将刮板输送机机头连同采煤机一起推入新的位置。待刮板输送机移成一条直线时，采煤机进刀完毕。

（二）普采面单滚筒采煤机工作方式

1. 滚筒的旋转方向

滚筒的旋转方向对采煤机运行中的稳定性、装煤效果、煤尘产生量及安全生产影响很大。单滚筒采煤机的滚筒旋转方向与工作面方向有关。当我们面向回风平巷站在工作面时，若煤壁在右手方向，则为右工作面；反之为左工作面。为了有利于采煤机稳定运行，右工作面的单滚筒采煤机应安装左螺旋滚筒，割煤时滚筒逆时针旋转；左工作面安装右螺旋滚筒，割煤时顺时针旋转，当采煤机上行割顶煤时，其滚筒截齿自上而下运行，煤体对截齿的反力是向上的，但因滚筒的上方是顶板，无自由面，故煤体反力不会引起机器振动。当采煤机下行割底煤时，煤体反力向下，也不会引起振动，并且下行时符合小，也不容易产生"啃底"现象。这样的滚筒转向还有利于装煤，产生煤尘少，煤块不抛向司机位置。

2. 采煤机的割煤方式

双向割煤、往返一刀。一般中厚煤层单滚筒采煤机普采工作面均采用这种割煤方式。当煤层倾角较大时，为了补偿输送机下滑量，推移输送机必须从工作面下端开始，为此可采用下行割顶煤、随机挂梁，上行割底煤、清浮煤、推移输送机和支柱的工艺顺序。双向割煤、往返一刀割煤方式适应性强，在煤层黏、厚度变化较大的工作面均可采用，无须人工清浮煤。但割顶煤时无立柱空顶（即只挂上顶梁而无立柱支撑）时间长，不利于控顶；实行分段作业时，工人的工作量不均衡，工时不能充分利用。

单向割煤、往返一刀。采煤机自工作面下（或上）切口向上（或下）沿底割煤，随机清理顶煤、挂梁，必要时可作临时支柱。采煤机割至上（或下）切口后，翻转弧形挡煤板，快速下（或上）行装煤及清理几道丢失的底煤，并随机推移输送机，支设单体支柱，直至工作面下（或上）切口。

双向割煤、往返两刀。首先采煤机自下切口沿底上行割煤，随机挂梁和推移输送机并同时铲装浮煤、支柱；待采煤机割至上切口后，翻转弧形挡煤板，下行重复同样工艺过程。当煤层厚度大于滚筒直径时，挂梁前要处理顶煤。该方式主要用于煤层较薄并且煤层和滚筒直径相近的普采工作面。

九、综合机械化采煤

综合机械化采煤是指采煤工作面的破煤、装煤、运煤、支护、顶板管理等基本工序都实现机械化作业。这样的工作面叫综合机械化采煤技术工作面，简称综采工作面（综采工作面设备布置），如图 5-9 所示。

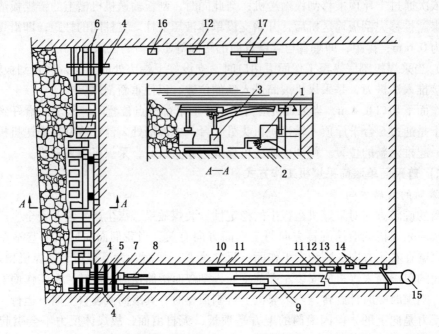

1—滚筒采煤机；2—可弯曲刮板输送机；3—液压支架；4—端头支架；5—锚固支架；6—巷道棚梁；
7—桥式转载机；8—转载机推移装置；9—可伸缩带式输送机；10—集中控制台；11—配电点；12—泵站；
13—配电点及泵站移动装置；14—移动变电站；15—煤仓；16—安全绞车；17—单轨运输吊车

图 5-9　综采工作面设备布置

（一）滚筒采煤机的进刀方式

当采煤机沿工作面割完一刀后，需要重新将滚筒切入煤壁，推进一个截深，这一过程称为"进刀"。常用的进刀方式有端部斜切法和中部斜切法两种。

1. 端部斜切法

采煤机在工作面两端约 25～30 m 的范围内斜切进入煤壁的进刀方式称为端部斜切法（见图 5-10 端部斜切法）。当采煤机割煤接近工作面上端，前滑靴移动到输送机的过渡槽上时，将前滚筒逐渐降低，后滚筒逐步升高，以保持其正常的截割。前滚筒进入平巷后，将采煤机稍微后退，并翻转挡煤板，然后使前滚筒一边转动一边下降到底板，后端滚筒升起，采煤机开始反向割煤，此时前滚筒把上一刀的底板余煤割净。当采煤机继续向下割煤即可顺着输送机弯曲段斜切入煤壁，直到前后滚筒完全切入煤壁时（距回风平巷一般为 25～30 m），才停止牵引采煤机；而后，将输送机直线段和弯曲段推至煤壁，翻转采煤机挡煤板，后滚筒边转动边下降，前滚筒提起，使采煤机反向牵引割三角煤，直到前滚筒进入回风平巷，采煤机的上缺口即完全做好。这时再将采煤机稍微后退，翻转两个挡煤板，并调换两滚筒上、下位置，便可开始第二循环的采煤。在采煤机割到运输平巷时，也用同样的方法进刀。

2. 中部斜切法

采煤机在工作面中部斜切进入煤壁的进刀方式称为中部斜切法（见图 5-11 中部斜

切法）。采煤机由工作面下端向上跑空刀，随后进行移架，推输送机。当采煤机到工作面中部时，利用输送机弯曲段斜切进刀，随即向上割煤直至运输平巷。然后停机换向，下行空放，当采煤机到工作面中部时，割去三角煤，接着向下割煤直至运输平巷后即完成一个循环。

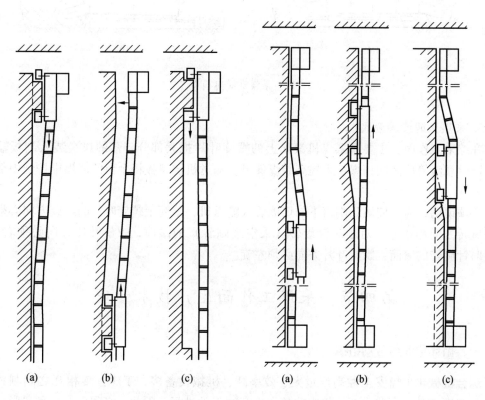

(a)　　　　(b)　　　　(c)　　　　　　　(a)　　　　(b)　　　　(c)

a—采煤机下行牵引斜切入煤壁；
b—输送机弯曲段和机尾（或机头）
推至煤壁，采煤机上行牵引斜切割
三角煤；c—采煤机向上切割完毕，
开始第二循环割煤

图 5-10　端部斜切法

a—采煤机由下向上跑空刀，紧接着移架、
移输送机；b—在工作面中部从输送机弯曲
段开始，采煤机斜切入煤壁，并一直向上割
到上平巷；c—采煤机由上向下跑空刀，到工
作面中部割三角煤，并一直向下割到下平巷

图 5-11　中部斜切法

（二）滚筒采煤机的割煤方式

滚筒采煤机的割煤方式可分为单向割煤和双向割煤两种。

1. 单向割煤

滚筒采煤机沿工作面全长往返一次只进一刀的割煤方式叫做单向割煤。单向割煤一般用在煤层厚度小于或等于采煤机采高的条件下。

2. 双向割煤

骑在输送机中部槽的双滚筒采煤机工作时，运动前方的滚筒割顶部煤，后随着滚筒割底部煤，如图 5-12a 所示。"爬底板"采煤机则相反，应是前滚筒割底部煤，后滚筒割顶部煤，如图 5-12b 所示。割完工作面全长后，需要调换滚筒的上下位置，并把挡煤板翻转 180°然后进行相反方向的割煤行程。这种采煤机沿工作面牵引一次进一刀，返回时又进一刀的割煤方式叫做双向割煤。

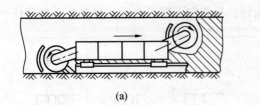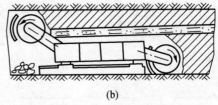

图 5-12　采煤机双向割煤方式

3. 采煤机的装煤方式

在综采工作面，主要靠采煤机滚筒上的螺旋叶片把大部分碎落的煤炭装入刮板输送机，同时靠滚筒后面的挡煤板来提高装煤效果。输送机铲煤板将余留的浮煤推挤到中部槽中。

必须说明，为了使滚筒割落下的煤能装入输送机，滚筒上螺旋叶片的螺旋方向必须与滚筒旋转方向相适应。对顺时针旋转（采空区侧看）的滚筒，螺旋叶片方向必须右旋；对逆时针旋转的滚筒，螺旋叶片方向必须左旋。

第四节　采煤工作面生产技术管理

一、循环作业与劳动组织

综合机械化采煤安全性高产量大、效率高、机械设备多，工序紧凑相互之间制约性强，如工序的某一环节失调，将影响整个生产的正常进行。因此，必须要有一种科学、严密的循环工作组织统一协调。

工作面循环作业，即是完成破煤、装煤、运煤、支护、顶板管理等基本工序并周而复始地进行的作业过程。在一般条件下综合机械化采煤的顶板管理工作大大简化，因此采煤机割煤、推支架、移输送机就成为综采工作面生产中的 3 个主要工序，沿工作面全长完成这 3 个工序，也就完成了一个循环。由于综采工作实行随采随移，液压支架的移设速度快，故在正常条件下基本上适应了采煤机牵引速度的要求。因此，采煤机割煤刀数和移架次数将是一致的，均可作为循环的标志。由于综采工作面每昼夜的割煤刀数较多（从几刀到十几刀）所以综采工作面的循环方式为多循环。

（一）作业形式

工作面的作业形式，就是一昼夜内采煤班和准备班的配合形式。它应该与全矿的工作制度相适应。综采工作面合理作业形式的选择，应当满足在时间上最大限度地提高机械设备的利用率，使生产时间集中，避免设备的轻载或空载运转；要有足够的检修时间，保证设备良好，以达到连续运转和不影响生产。

我国综采工作面的作业形式，基本上有以下几种：

（1）三班作业，三班出煤，班内检修。

（2）三班作业，二班出煤，一班检修。

（3）四班交叉作业，三班出煤，一班检修。

第一种作业形式，工时利用充分，设备利用率高推进速度快、也有利于顶板的维护。但由于没有专门的检修班，所以设备检修问题比较突出。为此除班内要随时进行小修外，在交接班时还得占用一部分时间检修。

第二种作业形式，有较充分的准备和检修时间，但设备利用率不高，设备效能不能充分发挥。一般适用于准备工作量较大，或地质条件较差以及操作技术不很熟练、检修力量比较薄弱、管理经验也较少的初次使用综采设备的工作面。

第三种作业形式，工作面三班出煤，一班检修，这样既保证出煤时间长，又有充裕的检修时间。这种作业方式充分利用了交接班时间，提高了设备利用率与工作面单产，有利于加强班与班之间的团结协作等。但需要有较高的管理水平，尤其在交叉时间内工作更要安排合适。综采工作面应尽量采用这种作业形式。

（二）劳动组织

劳动组织的主要任务：一是合理地确定劳动力配备；二是选择符合工作面生产工艺要求的劳动组织形式。

由于综采的设备多，技术要求也较复杂，所以综采工作面的劳动组织应按设备、工种定员组成专业工种，以便有利于掌握和不断提高操作技术水平。同时综采工作面是以采煤机的割煤工序为中心，组织推支架和移输送机，所以在具体的组织形式上应采用追机作业方式，以充分利用工时发挥设备效能来达到高产高效。若顶板条件较差、支护复杂、辅助工作量多，或生产管理和操作技术水平较低、追机作业有困难时，可将移架工、移输送机工沿工作面全长分段安排和管理。若顶板条件好、采煤机割煤速度快，为使推支架工能及时跟上，也可采用分组移架接力追机作业形式，每组10架左右，同时移架数不超过两组，两组降柱、升柱时间应当交错开。

综采工作面的工人，既要实行专业分工，又要搞好工种间的协作。对综采工作面人员配备的要求是：

（1）选拔建制过硬的采煤队，按岗位一次配齐配好。

（2）加强技术培训，不断提高技术水平。应使综采队人员对所有操作的设备达到4懂（懂采煤工艺、懂设备的结构、懂设备的原理、懂设备的性能）、4会（会操作、会检查、会维修、会排除故障）的要求。

（3）注意配备老工人，特别是具有设备维修和顶板管理经验的老工人。充分发挥他们的作用，以保证生产的正常进行。

二、设备管理

综采工作面由于设备多（采煤机、输送机和支架），综合机械化水平高，故加强设备的管理工作是生产管理工作中的一个十分重要的内容。设备管理工作做得好，就能使设备经常保持完好和正常运转，保证工作面的稳产和高产，同时也有利于延长设备的使用寿命，降低材料消耗。所以对设备管理工作要有严格的要求。

（1）加强设备的检查和维护。设备的检查和维护是设备管理工作的首要内容，要经常教育职工，人人爱护设备，人人维护设备，认真执行以预防为主的维修方针。对于设备的日检、周检、月检以及季检等工作，应把日常检查和维护作为重点，只有及时地检查，有效地维护，才能防患于未然，把事故消灭在萌芽状态。

（2）加强备品、配件管理工作。只有做好备品、配件的准备、供应和管理工作，才能保证设备及时有效的检修。综采队一般应配一名队干部主管此项工作。

（3）建立健全设备技术档案制度。应记录设备验收、配件器材消耗、事故和检修等情况。每台设备还应填写工作日志，作为交接班内容之一。

三、选择采煤设备应注意的事项

（1）输送机的输送能力要适应采煤机的生产能力。

（2）确保采煤机与输送机间的距离，使煤炭顺畅的输送出去。

（3）采煤机的生产能力能适应预定出煤量。

（4）十分充足的液压支架铰接顶梁与采煤机间的高度。

（5）采煤设备能适应煤层倾斜的变化，尽可能的小型化。

（6）采煤设备能适应煤层厚度的变化。

（7）一般的长壁式回采是掘进二条沿煤层走向的巷道，加上采煤面构成采掘区域。采煤面上部的沿层巷道叫通风巷道（工作面回风巷巷道），下部的叫联络巷道（工作面运输巷巷道）。

（8）回采面的长度一般设定为 150～250 m，如图 5－13 所示工作面装备由采煤机、液压支架及其他设备构成。

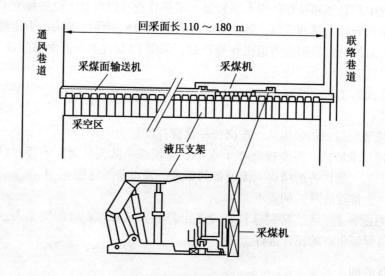

图 5－13　长壁回采面示意图

下顺槽作为进风、煤炭运输用，上顺槽作为回风、机械材料运输用。采煤面内的输送机为双链输送机。开采厚度从支护、作业的难易程度和管理上看，一般是 2～3 m 比较适合。

采煤面长度由输送机的输送能力、采煤面的进度、掘进能力、断层状况、现场管理的难易程度所决定。

四、《煤矿安全规程》对滚筒采煤机采煤时的要求

（1）采煤机上必须装有能停止工作面刮板输送机运行闭锁装置。采煤机因故暂停时，必须打开隔离开关和离合器。采煤机停止工作或检修时，必须切断电源并打开磁力起动器的隔离开关。启动采煤机前必须先巡视采煤机四周，确认对人员无危险后，方可接通电源。

（2）工作面遇有坚硬夹矸或黄铁矿结合时，应采取松动爆破措施处理，严禁用采煤机强行截割。

（3）工作面倾角在15°以上时，必须有可靠的防滑装置。

（4）采煤机必须安装内、外喷雾装置。截煤时必须喷雾降尘，内喷雾压力不得小于2 MPa，外喷雾压力不得小于1.5 MPa，喷雾流量应与机型相匹配。如果内喷雾装置不能正确喷雾，外喷雾压力不得小于4 MPa。无水或喷雾装置损坏时必须停机。

（5）采用动力载波控制的采煤机，当2台采煤机由1台变压器供电时，应分别使用不同的载波频率，并保证所有的动力载波互不干扰。

（6）采煤机上的控制按钮，必须设在靠采空区一侧并加保护罩。

（7）使用有链牵引采煤机时，在开机和改变牵引方向前必须发出信号，只有在收到返向信号后，才能开机或改变牵引方向，防止牵引链跳动或断链伤人，必须经常检查牵引链。发现问题，及时处理。采煤机运行时所有人员必须避开牵引链。

（8）更换截齿和滚筒上下3 m以内有人工作时，必须护帮护顶、切断电源、打开采煤机隔离开关和离合器，并对工作面输送机施行闭锁。

（9）采煤机用刮板输送机作轨道时，必须经常检查刮板输送机的中部槽连接、挡煤板导向管的连接，防止采煤机牵引链因过载而断链；采煤机为无链牵引时，齿（销、链）轨的安设必须紧固、完整，并经常检查。必须按作业规程规定和设备技术性能要求操作、推进刮板输送机。

第五节　支柱、铰接顶梁的支护及顶板管理

一、支柱、铰接顶梁支护

采煤面是为了煤炭开采而做成的空间，必须确保安全。因此使用的支柱必须能承受地压，并且能与采煤面前进的速度相吻合。

支架的使用必须符合当地煤矿的采煤面条件和采煤方式，可供选择的种类很多，过去大多使用不可再利用的木支柱，但现在主要的是高强度、可重复使用的金属支柱和铰接顶梁或液压支架等支护设备。

（一）支柱、铰接顶梁的支护要领

（1）如果支柱的推上力不充分的情况，其支撑力也就不充分，引起顶板的下沉甚至恶化；或因爆破等的振动、异常重压引起支柱的倾倒；或在倾斜煤层中，与顶板同时向倾斜方向倾倒，存在着发生灾害的危险性。所以在支护时，一定要使支柱的上推力充分有力。

（2）为防止支柱上部的顶板下沉，尽可能不在支柱上部增加起缓冲作用的厚木片。

（3）为防止松软顶板浮石的下落或顶板凹凸面与铰接顶梁间产生空间，必须加木片，确保铰接顶梁的稳定性。

（4）铰接顶梁延长时，其方向与采煤面成直角的关系。如果不能成为直角时，利用铰接顶梁的间隙进行调整。调整没有结果时，要单独的架设，以防止整列的支柱倾倒。

（5）考虑到连接销、扁销、衬板的拆除作业，所以在打木片时力量要适当。插入连接销的方向要有利于拆除作业。在完成支护作业后，要记住取出扁销和衬板。

（6）因为是金属制造，支撑面是点接触还是线接触的可能性较大，特别是倾斜煤层中，支柱与煤层不是直角的情况，形成倾倒状态，所以打木制楔子可以防止铰接顶梁脱落或铰接顶梁的承载能力消失。支柱在铰接顶梁的位置对防止铰接顶梁破损影响很大。一般从采空区开始测量，铰接顶梁长度的 1/3 或 1/4 处实施支柱支护。

（二）支柱、铰接顶梁的管理

（1）支柱必须适合采煤面的荷重及作业方式。不同型号的支柱或木柱不能混用。不能因为使用支撑力小的支柱，不能承受顶板荷重而加支撑力大的支柱。这是造成支柱破损的原因，也是引起顶板不规则变化，促使顶板条件恶化。

（2）落煤结束后，即刻延长铰接顶梁至落煤结束位置。在没有支护下的作业，不仅存在着危险，而且如果延迟支护时间，有可能引起顶板条件恶化。

（3）尽快实施支柱支护。铰接顶梁在延长后，长时间放置不实施支柱支护，如果进行爆破或回柱作业，使顶板的压力急速增加，是造成铰接顶梁的破损、顶板的下沉，促使顶板恶化的原因。

（4）实施支护时，要均等承受顶板的压力，防止顶板条件恶化，如支柱间隔要均等。如果支柱成线形排列，是造成采空区顶板裂纹的原因。

（5）关于支柱角度。支柱、铰接顶梁的重心位移，其特性和强度都有可能产生明显的变化。如果支柱与铰接顶梁成直角的话，就不会产生重心位移。但倾斜采煤面的顶板荷重、会受到来自煤层以外的各种方向压力的情况，此时就要考虑支柱角度的因素。

（三）支柱、铰接顶梁回收作业应注意的事项

支柱、铰接顶梁回收作业大多是危险性作业，所以为了保证采煤面作业顺畅地进行，必须要保证回收作业的前后顺序，确保均衡的进行。

不能违反作业规程，在开采不能回收的区域，如果实施开采的话会使顶板的荷重面积增大。顶板压力会随支柱支撑时间的延长而增大，此时的回收作业通常都伴随着危险。

（1）回收时，应按顺序撤柱。残留的支柱承受着巨大的压力，容易引起支柱的破损。在撤除残留柱时要注意支架的倾倒或矸石的垮落，具有一定的危险性。

（2）撤柱前要仔细检查。在撤除某个支柱时，要检查与它相邻支柱的支撑情况、顶板的状况、采空区裂纹的情况，确认作业人员是否在安全地带等，必须通知附近作业人员。

（3）在破碎地带撤除支柱时，要警戒比破碎地带范围大的区域，整理通道，以备疏散。

（4）采用回柱手动滑轮撤柱时，操作滑车也是有危险的，所以要确认连接的牢固性。

（5）断层部、顶板破碎区撤柱时，要注意来自支柱以外方向的荷载，以免影响其他无相关区域。为了防止来自采空区的异常载荷或矸石的垮落，不要忘记在采煤面安装第2排辅助支柱或增强铰接顶梁的承载能力。用绳索连接支柱，也有很大的作用。

二、顶板管理

（一）基本原则

由于回采支护的支撑作用，产生一定的剪切缓冲力，使采空区顶板的垮落高度增加。发生这种情况时，为了使上部顶板稳定，就要采取措施控制地压的大小，以维护顶板的稳定。

直接顶板性质的好坏决定了采煤面前进的速度。在直接顶板坚硬的情况下，前进速度快。但这又会引起采空区顶板产生裂缝，如同悬挂的顶板，是冒顶的严重隐患。大范围岩石垮落就会发生冒顶，对采煤面造成冲击，损坏顶板支护，使采煤面底板突起等不可预测的事故发生。由于采空区垮落要产生风压现象，所以要注意新设采煤面开始采煤的瞬间。直接顶板是页岩或页岩与砂岩互层的情况，因为是软弱顶板易发生垮落，所以采煤机完成切割后应及时实施支护，强化支护强度，防止采煤面的顶板垮落事故发生。

（二）现场指导方针

（1）回采面的直线化。如果回采面非直线化，易产生采空区顶板的裂纹，同时局部压力加大，诱发采煤面顶板恶化。

（2）确保合适的煤层高度。自行支架的高度与开采厚度不匹配的情况，或开采煤层过高，自行支架的支撑力不能达到顶板而引起顶板恶化；或开采煤层过低，顶板压力又会损坏液压支架。

（3）液压支架的承载。根据情况使用自动升降开关（平时处于升柱状态）。在顶板不良时根据情况加大支撑力。

（4）及时更换液压支架的损坏部件。油压管接头或支柱的开关等损坏时会产生漏油，使液压支架的支撑力不足或不能移设等现象发生。

（5）清扫主顶梁上、底座下的煤粉。大量的煤粉飘落在主铰接顶梁上、底座下，其缓冲作用使自行支架的支撑力锐减，是引起顶板恶化的因素。

（6）及时移设液压支架。遇到易产生剥离、垮落等松软顶板时，在采煤机完成切割后，及时移设液压支架并支护，防止前方顶板的垮落。

（7）切实实施顶板剥离、垮落时的液压支架支护。液压支架的上部或前方在发生顶板剥离、垮落等现象时，即刻用适当的材料进行填充。填充时间过早或不牢固时，会使垮落的高度增加和范围的扩大，增加后续支护作业的难度。

（三）松软顶、底板的采煤面开采

无论顶、底板是坚固还是松软，开采形成的空间都要保持地下开采前的状态（即开采前，地压是平衡的状态），这对煤炭开采是极为重要的。

因此采煤面内的支护就是用支柱强力的向顶板支撑，使采空区的不稳定顶板尽早且是有高度的垮落，直至采空区上部的稳定顶板为止，同时不要引起采煤面顶板的下沉和振动。

但是与坚固的顶、底板相比，支柱陷入松软的顶、底板内，即使实施了充分的垮落高度，也不可能获得必需的支撑力。即使是顶板的小垮落，都将严重的阻碍生产进程。

　　所以在松软顶、底板煤层开采时，应注意以下事项（主要是支柱、铰接顶梁的支护）：

　　（1）选择液压支架支护，而非单体支柱支护（支柱、铰接顶梁）。液压支架的优点不仅仅是能自行移动，还可以保持采煤面内的支护强度。

　　（2）如果选用单体支柱的情况，要制定支护作业规程，并按一定的支护密度实施管理。特别是松软顶板支护，支护密度更要加大。支护密度小，压力集中，易发生顶板垮落现象。

　　（3）支护支柱的立足点一定是坚硬的底板。

　　（4）当底板松软时，立足点下要铺设如木板、铁板等物，一般的铁板效果更佳。

　　（5）顶板情况不良时，尽快用风镐凿开一定的空间，延长铰接顶梁。

　　（6）突遇煤壁的不齐时，也尽可能早地延长铰接顶梁，必要时在延长铰接顶梁位置的煤壁面（输送机前）处支设立柱。

　　（7）顶板的矸石漏落明显时，用铺设薄板、竹帘、金属网等物填充。

第六节　其　他　采　煤

一、水力采煤

　　水力采煤是急倾斜煤层长壁式开采的一种方法。

　　水力采煤原理是用 $30 \sim 100 \ kg \cdot f/cm^2$ 的高压喷射水，从 $10 \sim 15 \ m$ 处，通过水枪向煤壁喷射，应用喷射力进行采煤的一种方法。

　　喷射水量一般是 $2 \sim 3 \ m^3/min$，坚硬煤层的喷射压力是 $200 \sim 300 \ kg/cm^2$ 的超高压水，落煤的使用水量是 $0.3 \ m^3/t$。

　　在 $5°$ 左右的倾斜巷道内铺设金属中部槽，用水流带动切割的煤炭运出采煤面。

　　在水泵站用筛分法将块煤、粉煤分离，块煤用货车或带式输送机输出。粉煤直接用管路或进行粒度调整后，用水力等输送到地面。

　　水力采煤的生产效率较高，一般的一台水枪的产煤量可达到 $50 \sim 60 \ t/h$。

　　一个采煤面的作业人员以 5 名为标准，同时管理 2 台水枪。即 2 名进行水枪的操作，其他 3 名进行水枪移设、支护等准备作业，2 台水枪交替作业。

　　水力采煤适用的煤层：

　　（1）顶、底板良好，且煤层易与顶板剥离。

　　（2）因是水利开采，巷道的底板没有膨胀现象。

　　（3）煤层松软且夹矸层少。

　　（4）瓦斯含量少，不易自燃等。

　　水力采煤的优点：

　　（1）生产率高、成本低。

　　（2）初期投资少，容易实现自动化。

　　（3）节省人力、资材。

　　（4）可防止煤尘爆炸。

水力采煤的缺点：

（1）回采率低。

（2）自燃现象多。

（3）集中化生产困难，高压水所用的电力消耗大。

（4）需要各种巷道数量多，要求掘进能力高。

二、螺旋钻机采煤和边坡采煤法

螺旋钻机采煤法是通过钻机在煤层中钻进 50 ~ 100 m，获得煤炭的开采方法。钻头直径为 0.5 ~ 2 m，适用于条件优良的地方，回采率可达到 70%。

边坡采煤法是沿煤层走向的边坡成直角开凿槽沟，从槽沟再沿煤层走向用螺旋钻机开采的方法。

复习思考题

1. 试述滚筒采煤机的特点。

2. 什么是综合机械化采煤工作面？

3. 什么叫采煤机"进刀"？常用的"进刀"方式有哪几种？

第六章　采煤机的安全使用

知识要点

☆ 了解电牵引采煤机的工作原理

☆ 掌握电牵引采煤机操作时的注意事项

☆ 了解电牵引采煤机变频故障的处理

☆ 了解液压牵引采煤机的工作原理

☆ 掌握液压牵引采煤机的操作方法

第一节　电牵引采煤机 MG220/510 – WD 的安全使用

一、电牵引采煤机的组成及型号和含义

电牵引采煤机主要由截割部、牵引部、电控箱、附属装置组成。

截割部包括截割部齿轮减速箱和螺旋滚筒以及螺旋滚筒调高装置和挡煤板。牵引部包括牵引部齿轮减速箱和无链牵引机构。无链牵引系统通常有链轨式、销轨式和齿轨式 3 种，适应工作面倾角可达 8°，中链轨式对工作面起伏变化适应性较好。

电控箱包括动力电器、直流或交流电牵引调速的控制系统，以及各种保护和故障诊断的控制、状态显示、报警装置等。

附属装置包括翻转挡煤板机构、采煤机机身调斜液压缸、滚筒调高液压缸、采煤机导向装置、电动机和减速器以及摇臂的冷却系统、喷雾降尘系统等。

电牵引采煤机的组成及型号如图 6 – 1 所示。

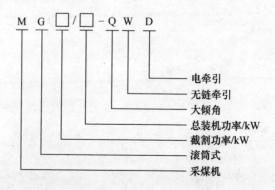

图 6 – 1　电牵引采煤机的组成及型号

二、电牵引采煤机的工作原理

采煤机的割煤是通过装有截齿的螺旋滚筒旋转和采煤机牵引运行的作用进行切割的。

采煤机的装煤是通过滚筒螺旋叶片的旋转面进行装载的，从煤壁上切割下的煤运出再利用叶片外缘将煤抛至工作面刮板运输机中部槽内运走。

三、电牵引采煤机的操作

（一）开机前检查

（1）检查紧固件齐全可靠，操作手把要求定位准确、操作灵活。

（2）检查各油管、水管有无破损渗漏，喷雾系统喷嘴口有无堵塞。

（3）检查各部位油池的油位、油质、各润滑部位油量是否符合要求。

（4）检查滚筒上的截齿是否锐利、齐全，滚筒转向是否正确，安装是否牢靠。

（5）检查电缆有无损伤，电气系统各器件外观是否完好。

（6）启动试车2～3次，每隔2 min左右启动一次。启动后注意检查各运转部件的声音是否正常，有无异常声音和发热现象，各显示器件示值是否正常。

（7）在正式割煤前要对工作面进行一次全面的检查，看工作面信号系统是否正常，工作面输送机铺设是否平直，运行是否正常，以及液压支架、顶板和煤层情况等。上述项目首次开机应全面检查处理，以后按检修计划和操作规程分部进行。另外，在开机前和正常运行中，随时检查工作面输送机铺设情况，顶、底板和支架情况。

（二）采煤机的操作

1. 准备工作

（1）接通水源，保证各电机中间箱有充足的冷却水。

（2）将中间箱隔离开关手把扳到"合"的位置上。

（3）拔出"运闭"按钮（自锁型按钮），使工作面输送机解锁。

（4）拔出"主停"按钮（自锁型按钮），使采煤机先导回路处于待接通状态。

2. 操作步骤

启动巷道内的磁力启动器，接通采煤机电源。按下"主启"按钮并维持约2～3 s再松手，采煤机先导回路接通，巷道内为采煤机供电的磁力启动器主触点闭合，采煤机上电。当采煤机上电后，左截割电机及油泵电机即开始运转，这时就可以对采煤机进行调高、调速操作了。

3. 右截割电机的启动、停止及变频器上电、下电

（1）本型采煤机的右截割电机可分部启动。当按下"第二启动"按钮并维持2 s后松手，则右截割电机启动。若要停下右截割电机，可按"第二停止"按钮。

（2）本型采煤机的变频器在整机上电后，变频器的上电、下电由两个专门的按钮"牵引送电"、"牵引断电"来控制。

4. 采煤机的操作方式

采煤机的调高、调速、停牵引、主停等操作可以通过3种操作方式来完成。

（1）通过操作设在机身两端的操作站来完成。

（2）通过操作设在中间箱位置的操作按钮来完成。

（3）通过操作遥控器来完成。

另外，采煤机的调高也可以通过操作液压调高手柄实现。

四、电牵引采煤机操作注意事项

（1）开机前检查：①必须检查机器附近有无人员工作；②检查各操作手把、按钮及离合器手把位置是否正常；③油位是否符合规定要求，有无渗漏现象。

（2）采煤机在启动前，必须先供水，后开机；停机时，先停机，后断水。并检查各路水量，特别是用作冷却后喷出的水量需有保证。若无喷出冷却水应立即停机检查。

（3）未遇意外情况，在停机时不允许使用"紧急停车措施"。

（4）操作过程中随时注意滚筒位置，要防止割顶、割梁、割底或丢顶、漂底等。

（5）要随时注意电缆和水管工作状态，防止电缆和水管挤压、鳖劲和跳槽等事故的发生。

（6）观察油压、油温及机器的运转情况，如有异常，应立即停机检查。

（7）长时间停机或换班时，必须将隔离开关断开，并把离合器手把脱开，关闭水阀开关。

（8）因采煤机变频器机载后，机器中间段长度加大，导向滑靴间距离随之增大，故工作面输送机应尽量平直，且操作时观察采煤机的震动情况，防止因震动而使变频器损坏。

五、电牵引采煤机故障分析与排除

采煤机故障主要有机械元部件故障、辅助液压系统故障、电气元器件故障。

1. 机械元部件故障

机械元部件故障一般比较直观，容易查找，根据现场直接判断，损坏件及时更换。

2. 辅助液压系统常见故障及处理方法

辅助液压系统常常出现以下几种故障及处理方法，列举见表6-1。

表6-1　辅助液压系统故障及处理方法

序　号	故　障	原　　因	处 理 方 法
1	摇臂不能动	调高泵损坏，高压表无压力显示	更换调高泵
		系统主轴管损坏漏油	更换油管
		手动换向阀阀芯憋死	检查手动换向阀或更换
		高压安全阀失灵，压力达不到规定压力值	更换高压安全阀
		调高油缸损坏泄漏严重或内部咬死	更换调高油缸
2	摇臂调高速度下降	系统中存在泄漏，如有油缸漏油，胶管破损，密封损坏等	检查系统，找出泄漏部位
		调高泵积率过低，排出油量减少	更换调高泵
		高压安全阀密封不好，不打开也有较大泄漏	更换高压安全阀密封

第六章　采煤机的安全使用 ・71・

表6-1（续）

序号	故障	原因	处理方法
3	摇臂锁不住，有下沉现象	液力锁有泄漏	更换液力锁或检修
		油缸活塞密封损坏，内部窜油	检查密封或更换
4	调高手动能够动作，电控不能动作	电控箱-换向电磁阀的电缆损坏	检查电缆及接线或更换
		电控系统控制器有故障，无输出信号	检查电控系统，更换故障单元
		换向磁力阀损坏	更换换向磁力阀

3. 电气元器件常见故障及处理方法

（1）电动机常见故障及处理方法，见表6-2。

表6-2　电动机常见故障及处理方法

序号	故障	原因	处理方法
1	电动机通电后不转	电缆芯线与接线柱连接不好	重新连接
		电动机线圈烧损	修理电动机的线圈
2	电动机启动时电磁噪音大而且不转动	三相中有一断线	修理断线
3	电动机不能启动	定子绕组相间短路或接地或转子断条	找出断路、短路部件进行修复并找出事故原因。若因漏水、漏油导致绝缘损坏，还应更换O形圈或骨架油封
4	电动机温升过高	电动机负载过大	减轻负载运转
		电动机断水	修复水路、疏通水道，保持冷却水路的通畅
		电动机过载	减轻负载
		电动机单相运行	检查熔丝，排出故障
		电源电压太低	检查并调查电压
		电动机转子笼条折断	更换转子笼条
		电动机定转子相擦	检查轴承。轴承腔，轴承有无松动，定转子装配有无不良情况，记忆修复

（2）电气控制常见故障及处理方法，见表6-3。

表6-3　电气控制常见故障及处理方法

序号	故障	原因	处理方法
1	整机不上电	主停按钮未解锁	将主停按钮解锁
		隔离开关未合闸	将隔离开关合闸
		主电缆控制芯线断开	更换电缆或修复控制芯线

表6-3（续）

序号	故障	原因	处理方法
1	整机不上电	电控箱内部控制芯线断开	更换电缆或修复控制芯线
		磁力启动器故障	按接线图检查各连接环节，并正确连接
		电控箱内部元器件故障	更换或修复相关元器件
2	右截割电动机不启动	输出信号线断开或松动	按原理图、接线图检查各连接环节
		输出信号故障	检查 PLC
		真空接触器故障	检查真空接触器
		电动机故障	检查电动机
		电动机供电主回路故障	检查电动机主回路
3	右截割电动机不自保	控制线断开松动	按原理图、接线图检查各连线环节
4	工作面输送机不启动	运输机停止按钮未解锁	将停止按钮解锁
		主电缆控制芯线断开	修复和更换主电缆
		电控箱内部控制线断开	检查控制线并回复连接
5	变频器不启动	电控箱内部牵引控制线断开	按接线图检查牵引控制回路，并正确连接
		电控箱内部控制电路损坏	更换或修复损坏器件
		PLC 故障	检修 PLC
		变频器故障	参考变频器有关说明进行
6	牵引方向无法改变	电控箱内部控制电路损坏	修复或更换损坏器件
		PLC 故障	检修 PLC
		变频器故障	参考变频器有关说明进行
7	端头操作站控制失灵	电控箱内部控制线断开	按接线图检查控制电缆，找出断点并处理
		PLC 内部控制接收电路损坏	检修 PLC
		端头操作站内部线路板损坏	检查端头操作点，处理或更换
8	摇臂调高失灵（手动能动作）	电控箱内部控制线断开	按接线图检查控制电缆，找出断点并处理
		电磁阀损坏或系统背压太低	更换电磁阀或调整系统背压
		电源组件损坏，PLC 故障或操作装置故障	检查电源组件，并更换检查 PLC，检查相应操作装置

（3）变频器发生故障原因及解决方法，见表6-4。

表6-4　逆　变　侧

序号	原　　因	解　决　方　法
1	传动的 IGBT 温度过高，故障跳闸极限为 100%	检查环境条件 检查通风条件和风机运行状态 检查散热器的散热片，清除灰尘 检查电机功率是否合适 检查 IGBT 接线
2	模拟控制信号低于最小允许值 可能原因：错误的信号标准或控制电缆出错	检查模拟控制信号标准 检查控制电缆 查看故障功能参数
3	PC 存储的传动数备份文件正在被使用	等待，直到完成任务
4	制动斩波器过载	停止传动，让制动斩波器冷却 检查电阻过载保护功能的参数设置 检查制动周期以符合限幅要求 检查传动的交流供电电压是否过大
5	无法预料的制动确认信号状态	检查制动器确认信号的连接 停止传动，让电阻器冷却下来 检查电阻过载保护功能的参数设置
	制动电阻器过载	检查制动周期以符合限幅要求
6	对输出电流互感器的校正完毕	继续正常操作
7	要求校正输出电流互感器。如果传动在标量控制模式并且标量跟踪启动特性处于开状态，在启动时就显示这一信息	校正自动开始，等候一段时间
8	传动单元和主机之间的周期性通讯丢失	检查现场总线的通讯状态。参见现场总线控制章或相应的现场总线适配器手册 检查参数设置 检查电缆连接 检查主机是否能够通讯
9	在并行连接的逆变单元模块中，传动检测到逆变单元中过高的输出电流不平衡	检查电机 检查电机电缆
10	这可能是由于外部故障（接地故障、电机故障、电缆故障等）或内部故障（损坏的逆变部件）引起的	检查电机电缆 检查电机电缆不含有功率因数校正电容器或浪涌吸收器
11	由于过高的或过低的中间直流电压，传动限制转矩	警告信息 检查故障功能参数
12	一般因为在电机或电缆中存在接地故障，传动检测到了负载不平衡	检查电机 检查电机电缆 检查电机电缆不含有功率因数校正电容器或浪涌吸收器
13	脉冲编码器相位错误。A 相连接到了 B 相的端子上，反之亦然	交换脉冲编码器 A 相和 B 相的接线

表6-4（续）

序号	原　因	解　决　方　法
14	脉冲编码器和脉冲编码器接口模块之间通讯出现故障，或脉冲编码器模块和传动单元之间的通讯出现故障	检查脉冲编码器及其接线、脉冲编码器接口模块及其接线
15	传动已经执行了电机励磁辨识，并准备进行运行，这个警告属于正常的启动步骤	继续传动运行
16	电机励磁辨识功能启用，这个警告属于正常的启动步骤	等待，直到传动单元显示电机辨识已经完成
17	需要对电机进行辨识，这个警告属于正常的启动步骤。传动设备选择执行电机辨识的方式	接 Start 键启动励磁辨识或选择 ID Run 后启动
18	传动单元的 ID 号码已经从 1 被修改	将传动单元的 ID 号码改回到 1。参见"控制盘"等
19	选择电机辨识运行，传动单元准备启动 ID Run。这个警告信息属于正常的 ID Run 步骤	按 Start 键启动辨识运行
20	输入电抗器温度过高	停止传动，使之冷却 检查周围环境温度 检测风扇的旋转方向是否正确以及通风是否顺畅
21	传动逆变器电流限幅	警告信息 参见电流和功率限幅信号 检查故障功能参数
22	当单元停止时，可选的直流开关已经打开	关闭直流开关 检查刀熔控制器单元
23	一个可选 I/O 扩展模块的输入或输出在应用程序中被选作信号接口，但是对此 I/O 扩展模块没有进行相应的设定	检查故障功能参数 检查参数组
24	根据参数定义的电流限幅，传动限制电机电流	警告信息 检查参数的设置 检查故障功能参数
25	电机堵转由于电机过载或电机功率不足	检查电机负载和传动单元的额定值 检查故障功能参数
26	电机辨识运行启动，这个警告属于正常的 ID Run 步骤	等待，直到传动单元显示电机辨识已经完成
27	电机过温（或有过温趋势）。可能由于过载、电机功率不足、不充分的冷却或不正确的启动数据	检查电机额定值、负载和冷却条件 检查启动数据 检查故障功能参数 检查电机冷却水道畅通和流量状态
28	电机温度测量值超过了参数设定的报警极限	检查报警极限值 检查传感器的实际数量是否与参数设定值相对应 让电机冷却，确保正确的电机冷却方法 检查冷却风机、清洁冷却表面等

表 6 - 4（续）

序号	原　因	解　决　方　法
29	电机测量温度超过了参数设定的报警极限	检查报警极限值 检查传感器的实际数量是否与参数设定值相对应 让电机冷却，确保正确的电机冷却方法：检查冷却风机、清洁冷却表面等
30	电机最大转矩极限以及由参数和参数所定义的最小和最大转矩极限，传动限制电机转矩	检测变频器相关参数的设置 检查故障功能参数 检查电机参数设置 确定 ID 辨识运行已经顺利完成
31	被选为传动单元控制地的控制盘通讯失败	检查控制盘连接（参见相应的硬件手册） 检查控制盘连接器。更换安装平台上的控制盘 检查故障功能参数
32	源选择（指针）参数指不存在的参数索引	检查源选择（指针）参数的设定值
33	过大的 IGBT 结温，这可能是由低频运行时负载过大导致（例如，对于过大的负载和转动惯量进行快速方向转换）	增加斜坡时间 减少负载
34	逆变器冷却风机的运行时间超过了估计的寿命	更换风机 将风机运行时间计算器复位
35	睡眠功能已经进入了睡眠模式	参见参数组
36	可选的启动禁止硬件逻辑被激活	检测启动禁止电路
37	没有按收到启动互锁信号	检测连接在 RMIO 板上的启动互锁电路
38	额定电机转速设置不正确：其值太接近电机的同步转速	检查电机铭牌上的额定传速，正确设置参数
39	几个并行连接的逆变模块之间温差过大	检查冷却风扇 检查变频器的检测温度的器件状态
40	当温差超过 15 ℃，显示警告；当温差超过 20 ℃，显示故障	检查空气过滤器
41	电机温度过热	检查电机额定值和负载 检查启动数据 检查电动机的热敏电阻的阻值是否正确
42	电机温度测量值超出规定范围	检查电机温度测量回路的连接，电路图参见程序功能一章
43	电机负载太低，可能由于传动机械故障引起	检查被驱动装置 检查故障功能参数

（4）逆变侧控制盘常见故障及处理方法，见表 6 - 5。

表6-5　逆变侧控制盘

序　号	原　　　因	解　决　方　法
1	控制盘下装失败，没有数据从控制盘拷贝到传动单元	确认控制盘处于本地模式 再次下装（有时可能是连接中出现干扰问题）
2	控制盘链路上出现电缆问题或硬件故障	检查控制盘链路的连接 按 RESET 键。控制盘复位需要半分钟时间，请等待
3	控制盘的型号与传动的应用程序版本不兼容	检查控制盘型号和传动应用程序的版本
4	当电机运行时不允许下装	停止电机，执行下装
5	上装功能没有被执行	在下装前执行上装功能，参见"控制盘"章
6	控制盘的上装功能失败，没有数据从传动单元拷贝到控制盘	再次上装（有时可能是连接中出现干扰问题）
7	某些参数不允许在电机正在运行时进行修改。如果改动，修改值不被接收，并且会显示这条警告信息	停止电机，然后修改参数值

（5）整流侧故障现象及解决方法，见表6-6。

表6-6　整流侧故障现象

序　号	原　　　因	解　决　方　法
1	整流器 IGBT 过温超过 135 ℃，警告被激活	检查环境条件 检查通风条件和风机运行状态 检查散热器的散热片，清除灰尘 检查电机功率是否合适
2	模拟控制信号	检查模拟控制信号标准 检查控制电缆 检查故障功能参数
3	传动单元和主机之间的周期性通讯丢失	检查现场总线的通讯状态 检查电缆连接 检查主机是否能够通讯
4	整流器内部报警	检查整流器柜体内部连接 记下报警代码
5	传动与现场总线之间的周期通讯丢失	检查现场总线通讯状态 检查通道 CHO 节点地址是否正确 检查总线主站的通讯和配置是否正确 检查电缆连接
6	超出电流限幅值	限制逆变器的实际功率或降低无功功率的参考值
7	内部电流互感测量的电流过大，电机电缆或电机出现接地故障，或并联的逆变模块电流不平衡，接地故障的判定值可能比较灵敏	检查整流器熔断器 检查整流器和滤波器是否接地漏电 检查电机 检查电机电缆 检查逆变器

表6-6（续）

序号	原　因	解　决　方　法
8	电网停电，线电流低于监控限幅值，引起直流回路欠压	检查电网（停电，电压短时消失） 检查输入功率连接 检查输入熔断器
9	这个报警信息是由控制盘产生的，在控制盘链接上的电缆连接或硬件故障	检查控制盘的通讯链路 按下复位键，控制盘的复位要半分钟 检查控制盘的型号和传动应用程序的版本控制盘的型号印在盘盖上
10	整流器的 ID 号已经从 1 改变	为了修改 ID 号返回到 1，按下 DRRVE 键，进入传动选择模式
11	恢复工厂设定	等待直到恢复完成
12	并联的整流器模块之间的温度差别过大	检查冷却机 更换风机 检查空气过滤器
13	整流侧 IGBT 温度过高，跳闸限幅值 140 ℃	检查环境温度 检查通风和风机运行情况 检查散热片表面的积尘情况 检查线电流与整流器电流是否相符
14	几个并联整流器模块的整流单元的内部温度过高	检查环境温度 检查通风和风机运行情况 检查散热片表面的积尘情况 检查线电流与整流器电流是否相符
15	RMIO 控制板温度超过 88 ℃	检查通风和风机运行情况
16	充电后直流母线欠压	检查充电回路的熔断器 检查充电回路 检查直流回路中是否有短路 检查欠压跳闸限幅值 检查变频器供电的交流电压
17	几个并联整流器模块的整流器单元的输出电流不平衡	检查电机 检查电机电缆 检查整流器熔断器 检查整流器 IGBT 模块 检查 LCL 滤波器
18	中间直流回路电压过高	检查供电电压和整流器额定电压的等级 检查直流过压跳闸限幅值
19	由于电源缺相，熔断器烧断或整流器内部故障，导致中间直流回路欠缺	检查电源和整流器熔断器 检查电源电压 检查直流欠压跳闸限幅值
20	浮地电网中的接地故障，带电体与地之间的电阻低	检查整流器和 LCL 滤波器是否接地漏电 检查电机和电机电缆 检查逆变器

表6-6（续）

序 号	原 因	解 决 方 法
21	接地网中的接地故障，内部电流互感测量的电流过大	检查整流器熔断器（并联模块） 检查整流器和 LCL 滤波器是否接地漏电 检查电机 检查电机电缆 检查逆变器
22	风机不运转或者接触插座连接松动	检查连接 检查风机，更换风机

六、注意事项

（1）采煤机启动顺序需严格按照说明书的操作顺序操作。

（2）采煤机上必须装有能停止工作面刮板输送机运行的闭锁装置。采煤机因故暂停时，必须打开隔离开关和离合器。采煤机停止工作或检修时，必须切断电源并打开其磁力启动器的隔离开关。启动采煤机前，必须先巡视采煤机四周，确认对人员无危险后方可接通电源。

（3）机械设备和人身处于危险状况时，应迅速按动紧急停止按钮。

（4）采煤机所骑运输机销轨的安设必须紧固、完整，并经常检查。必须按作业规程规定和设备技术性能要求操作、推进刮板输送机。

（5）采煤机司机必须就近操作，严禁司机远距离操作，防止采煤机滚筒截割支架顶梁和工作面输送机铲煤板。

（6）工作面倾角在15°以上时，必须有可靠的防滑装置。

（7）更换截齿和滚筒上下3 m以内有人工作时，必须护帮护顶，切断电源，打开采煤机隔离开关和离合器，并对工作面输送机施行闭锁。

（8）采煤机长时间检修，必须将电控箱隔离开关手把处于"分"状态。

（9）所有液压元件及其接合处，严禁在泄漏状态下工作。

（10）采煤机必须安装内、外喷雾装置。截煤时必须喷雾降尘，内喷雾压力不小于2 MPa，外喷雾压力不小于1.5 MPa，喷雾流量应与机型相匹配。如果内喷雾装置不能正常喷雾，外喷雾压力不小于4 MPa。无水或喷雾装置损坏时必须停机。

（11）易损件更换时，应保持液压系统清洁，加工配合面不许污染、划伤。

（12）整机润滑按润滑图要求，由专人定期对各润滑点进行注油。

（13）关键部位的紧固螺栓应加紧固力矩，并符合设计要求。

（14）人员进入机器下方维修时，必须将工作面输送机处于"闭锁"状态，确保检修人员安全。

（15）维修电气系统时，要严格按照警示牌"严禁带电开盖"操作；先清扫外部，在周围空气相对湿度不大于90%的环境下，打开交流变频箱或电控箱，在高温及恶劣环境下尽量不要开箱。

（16）维修电气系统时，严禁甩电气保护，确保机器的正常运转。

（17）机械、电气系统裸露部分的护罩，应安全可靠。

（18）属关联检验的设备不得随意更换，如需更换须经相关机构进行配接检验后方可使用。

【事故案例】

某矿 901 综采工作面采煤机司机更换截齿时未切断电源，也未断开离合器及隔离开关就检查更换截齿，支架工以为无人，便开动采煤机，将更换截齿的司机当场绞死。

直接原因：

非采煤机司机违章作业，误操作。

间接原因：

（1）非采煤机司机开机时未认真瞭望。

（2）采煤机司机更换截齿时未切断电源，也未断开离合器及隔离开关。

（3）非司机人员违章上岗以及司机工作时不慎触及采煤机滚筒等。

整改措施：

（1）加强工作面的技术管理，要求司机和其他作业人员按章作业，严格执行《煤矿安全规程》及相关的规定。采煤机司机应熟悉采煤机的结构原理，加强业务学习，真正掌握操作技术，注意截割部离合器手把的操作方向。如有的左截割部手把向上为"合"，向下为"离"；而右截割部手把向下时离合器为"合"，向上时为"离"。由于采煤机长期使用后，"离"、"合"字迹不清，工作时应特别注意。

（2）更换或检查截齿需转动滚筒时，切不可开动电动机，必须断开隔离开关，打开离合器，切断电源，闭锁刮板输送机，然后用手转动滚筒进行检查。

（3）采煤机必须装有能停止和断开滚筒的闭锁装置（或离合装置），而且必须灵敏可靠。

（4）严格执行持证上岗制度。

（5）在滚筒附近上、下 3 m 范围内，作业人员必须注意煤帮和顶板情况，防止煤帮片帮或顶板垮落时将人拥向滚筒。

（6）长时间停机或司机需离开时，必须将滚筒放到底板上，切断隔离开关和离合器，检验后方可使用。

第二节　液压牵引采煤机 MG150/375 – W 的安全使用

一、采煤机的组成及工作原理

本机由牵引机构、截割机构、辅助装置和电气系统等构成。

（一）牵引机构

牵引机构由液压传动和机械传动两部分组成。机械传动分为输入机械传动和输出机械传动。

液压传动由主泵、马达、主阀、齿轮泵、调速机构、冷却器、粗过滤器、精过滤器以及管路等液压元件所组成。

1. 主回路

主回路由主泵和两个马达通过主管路连接组成的闭式回路,主泵由电动机驱动,排出的压力油驱动马达,马达回油供主泵吸入再次排给马达,如此循环工作。改变主泵排量即可改变马达转速,改变主泵排油方向即可改变马达的转向。

2. 补油和热交换回路

由于闭式回路的液压油循环工作,温度将不断上升,而且油液工作时还要产生漏损。为了解决上述问题,满足主回路系统正常工作,必须设置辅助油源,向主回路补油,并进行冷热交换。该回路由粗过滤器、补油泵、精过滤器,以及主阀内的单向阀、梭形阀、背压阀等组成。油池的油液经粗过滤被补油泵吸入,排出的油液经精过滤器、主阀低压侧的补油单向阀后全部注入主回路供主泵吸入。马达排出的热油一部分参与主回路循环工作,另一部分被补油泵补入系统的油所替换,经梭形阀、背压阀、冷却器排出主系统,这样就满足了闭式系统正常工作条件。背压阀使主回路低压侧建立起背压,以防止气蚀的产生,保护主泵和马达。该阀调定的溢流压力为 1.5 MPa。

3. 保护系统

低压保护由低压安全阀和调速机构上的失压阀组成。低压安全阀保护补油泵和低压管路,调定压力为 2.5 MPa;失压阀保证主回路低压侧的背压在一个安全值内,调定压力为 1 MPa。

高压保护由调速机构上的远程调压阀和主阀上的高压溢流阀等组成。高压保护的作用是保护主油路系统的液压元件工作在合理的压力范围之内。高压溢流阀调定压力为 14 MPa。远程调压阀的调定压力为 13.5 MPa。当反应牵引负荷的系统压力超过远程调压阀的调定值时,控制油经过失压阀,将迫使调速机构控制主泵向零位回摆,牵引降速直至到零;当系统压力继续上升,超过高压溢流阀调定压力时,主回路高低压串通,并且使部分主回路高压油泄回油池,从而达到高压保护的目的。

4. 调速系统

调速系统由调速机构和操纵机构组成,其工作原理是通过操作牵引调速手柄控制调速机构的调速杆位置。调速杆、伺服阀杆、变量油缸的变量活塞与反馈杆通过销轴滑块铰接,组成一个反馈机构。当调速杆离开中立位置时,通过反馈杆带动伺服阀杆做同方向运动,同时控制油液经伺服阀向变量油缸配油,使变量活塞做反方向运动。变量活塞的移动又通过反馈杆带动伺服阀杆向回运动,使伺服阀返回中立位置,这样就完成一个调速过程。变量活塞可以稳定在给定调速范围内的任意位置,实现了无级调速的要求;变量活塞与主泵摆动缸体铰接在一起,通过控制主泵摆动缸体的摆动角度大小和方向来控制液压马达的旋转速度和旋转方向,从而控制采煤机的牵引速度和牵引方向。另外通过失压阀控制变量油缸两腔的导通与截止,而失压阀又受远程调压阀调定压力的控制,当系统压力超过远程调压阀的调定压力时两腔导通。变量油缸的变量活塞在弹簧力的作用下返回到中间位置,不受调速杆和伺服阀的控制,从而可使调速机构自动回零。当两腔截止时,变量油缸的变量活塞在伺服阀配油压力的作用下克服弹簧力,自动恢复到调速手把给定的原牵引速度位置,从而实现恒压自动调速控制。

5. 调高系统

该系统是简单的开式液压传动系统。由调高泵、高压安全阀、手液动换向阀和调高油缸、液压锁等组成。高压安全阀限定了调高液压系统工作压力，调定压力值为 20 MPa。

（二）截割机构

截割机构在采煤过程中完成落煤、装煤工作；截割机构由摇臂和滚筒组成。

截割机构由截割电机直接驱动，经过三级平行轴减速，惰轮一轴、二轴、三轴和一级行星减速，将动力传到割煤滚筒上。

截割机构的总传动比 $I = i_1 i_2 i_3 i_4$。因为截割机构的两个齿轮 Z_{19} 和 Z_{20} 可以成对更换，所以可以得到两种传动比。

当电机转速为 1460 r/min 时，滚筒可以得到两种转速，即 $n_1 = 46$ r/min，$n_2 = 52$ r/min。因此可以配置不同直径的滚筒。

二、液压牵引采煤机的操作

（一）操作顺序

操作手把和按钮在中间箱右侧电控盖板上设有电气隔离开关手把，牵引电机启动旋钮和牵引电机停止旋钮，采煤机和运输机的互锁旋钮，左截割电机启动、停止旋钮、右截割电机启动、停止旋钮，在中间箱左侧液压传动部上设有左滚筒调高操作手把，右滚筒调高操作手把，以及牵引调速手把。在左、右行走部上端窗口内各设有一个操作站，操作左、右滚筒调高的液控按钮和采煤机急停按钮，在采煤机右端进缆处设有总水阀开关及水过滤器。

液压牵引采煤机的操作顺序如下：

（1）将采煤机急停按钮复位，左、右截割电机旋钮打在停止位置，将运输机互锁旋钮旋至解锁位置。

（2）将电气隔离开关手把，由"0"拨到"1"的位置，旋动牵引电机启动旋钮，这时牵引电机启动，注意观察牵引调速手把是否在零位，如有牵引，将牵引手把重新调至位。观察压力表的压力变化情况，以及有无其他异常现象，一切正常后，操作滚筒调高手把或按钮，使左右两滚筒处于空载状态。

（3）依次启动左、右截割电机旋钮。

（4）打开总水阀。

（5）一切正常后，操作牵引调速手把，按煤质工况缓慢增加牵引速度，调整前后滚筒位置，慢慢切入煤壁，观察滚筒的采高和卧底。

（二）操作注意事项

（1）开机前必须对采煤机全面检查，发现问题及时处理。例如：截齿是否锐利、齐全；楔铁、螺栓是否紧固；各部油位是否合乎要求，润滑脂是否注满；电缆、水管、油管是否完好无损；各部操作手把、旋钮、按钮位置要正确、动作要灵活可靠。

（2）对运输机销排进行检查，有无异物卡入，连接销轴是否退出或联接螺栓是否松动。

（3）非意外情况，严禁使用"紧急停车"按钮。

（4）采煤机工作时，冷却水不能中断。

（5）采煤机工作时，要密切注意运转声音和油温的变化，发现异常现象立即停车，查明原因及时处理。

（6）采煤机工作中随时注意滚筒位置，防止割顶、割梁、漂底等事故发生。

（7）拖移电缆和水管时，防止出现憋卡和跳槽等事故发生。

（8）司机换班时，必须将采煤机退出煤壁，牵引手把打回"0"位，停截割电机和牵引电机，最后将隔离开关拨到"0"位置，关掉总水阀。

三、液压牵引采煤机的维护与检修

（一）维护、检修要求

采煤机的使用寿命及其工作的可靠性，在很大程度上决定正确的维护和检修。进行维护和检修工作时，要注意设备和人身安全，特别是在井下采煤机工作现场检修采煤机时，必须将左、右截割电动机、牵引电动机的控制旋钮旋至"0"位，隔离开关打开，运输机钮旋互锁，紧急停车按下旋钮，方可进行现场检修。采煤机维护检修要做到：

（1）做到井上的检修试运转工作。采煤机采完一个工作面后（或运转一年左右），应升井进行解体大修。大修前，要做好充分的准备工作，明确重点，严格要求检修质量，过度磨损及损坏的零件一定更换新件。检修后还要对主要零部件进行必要的性能试验，特别是主要的液压元件，安装完毕后一定要在专用的试验台上做好性能试验，合格后方可安装到部件中。

（2）采煤机下井一周后，必须对所有螺栓紧固件全面逐个进行紧固。

（3）采煤机在井下工作三个月后，应做一次预防性的检查，定期检查是做好日常维修工作的重要措施。其中包括日、周、季检。固定检查人员，认真记录检查修理情况。

（4）制定切实可行的维修工作组织。这是保证维修质量、保证安全运转、充分发挥机器工作效能的重要措施。

（5）建立健全规章制度，如岗位责任制、巡回检查制、质量验收制、交接班制以及检修规程、操作规程等。

（6）主要检修人员必须精通技术，对本机工作原理，具体结构熟练掌握。

（二）维修内容

1. 日检查

采煤机每日工作前应对下列事项进行检查和处理：

（1）电缆和水管有无挤压和破坏。

（2）各主要部件的螺栓是否紧固齐全，各大部件间的对接螺栓和楔铁应随时保持紧固。

（3）各操作手把动作是否灵活可靠。

（4）各部的油位是否适当，油液是否进水，各润滑脂油嘴是否注满油。

（5）喷嘴有无堵塞或损坏，水过滤器是否堵塞。

（6）截齿是否磨钝或丢失。

（7）机器工作时应注意各部有无异常音响。各部温升情况以及油压水压及水量分配等情况。

2. 周检查

（1）检查并清洗安装在液压传动部的粗、精过滤芯，必须及时更换精过滤芯。

（2）检查安装在牵引箱的制动器，测出摩擦片的磨损量，超过规定值时应成组更换摩擦片。

（3）检查工作油质是否合乎要求。

（4）检查压力表是否工作正常。

（5）测定采煤机工作时各部位的油温和冷却水进出口温度。

（6）检查和处理日常不能处理的问题并对整机的运行状态做好记录。

（7）检查司机对采煤机日常维护情况。

3. 季检

应由专业人员和主要工作负责人组成季检小组。季检除周检内容外对周检处理不了的问题进行维护和检修，并对采煤机司机的月检、周检工作进行检查，将检查及处理结果记录在采煤机工作档案中。

四、注意事项

（1）滚筒采煤机司机必须熟悉滚筒采煤机的性能及构造原理和作业规程，善于维护和保养采煤机，懂得回采基本知识，经过培训考试合格，取得操作资格证后方可持证上岗。

（2）滚筒采煤机司机要与工作面及顺槽输送机司机、转载机司机、移刮板输送机工、支护工（或液压支架工）等密切合作，按顺序开机、停机。

（3）启动采煤机前，必须巡视采煤机周围，确认对人员无危险和机器转动范围内无障碍物后，方可接通电源；改变采煤机牵引方向时，必须先停止牵引。使用有链牵引采煤机在开机和改变牵引方向前，还必须发出信号，收到信号后方可操作。

（4）严禁强行截割硬岩和带载启动、带病运转，按完好标准维护保养采煤机。

（5）电动机、开关附近2 m以内风流中瓦斯浓度达到1%时，必须停止运转，切断电源，撤出人员，进行处理。

（6）采煤机截煤时，必须开启喷雾装置（及负压二次降尘装置）喷雾降尘。无水或喷雾装置损坏时必须停机。

（7）采煤机因故暂停时，必须打开隔离开关和离合器；采煤机停止工作、司机离开采煤机或检修时，还必须切断电源，打开其磁力启动器的隔离开关。

（8）拆卸、安装挡煤板和补换截齿时，必须停止采煤机、闭锁工作面刮板输送机。

（9）采煤机用刮板输送机作轨道时，必须经常检查输送机的中部槽和挡煤板导向管的连接，防止因过载断链。

（10）严禁用采煤机牵拉、顶推、托吊其他设备、物件。

【事故案例】

某矿务局某矿一综采工作面输送机挡煤板螺栓松动，导向管对口错开34 mm，采煤机通过时滑靴受阻，致使牵引链在机头处拉断，断链弹回，将在支架内清扫浮煤的2人打死。

直接原因：

中部槽插销损坏未及时更换，接头出现落差，采煤机滑靴通过时受到卡阻，使牵引链的负载急剧增加，导致断链。

间接原因：

（1）导向管损坏或导向管销子丢失，挡煤板松动，致使导向管头磨损。

（2）出现落差和端面距离加大，采煤机滑靴通过时阻力增加，导致断链。

（3）连接环损坏和牵引链固定装置损坏及固定不牢造成断链。

（4）工作面不平直。

（5）工作人员靠近牵引链。

整改措施：

（1）严把工程质量标准关，把工作面割平割直，确保牵引链在挡煤板以内。

（2）顶、底板要割平，不出现凹凸和台阶。

（3）当使用有链牵引采煤机时，在开机前或改变牵引方向前必须喊话，并发出预警信号。

（4）经常检查牵引链及其两端连接件，发现问题及时处理。采煤机工作时所有人员必须避开牵引链，以免伤人。

（5）及时更换损坏的中部槽，认真检查采煤机导向管。若产生松动，应及时紧固。丢失导向管销后要及时补齐。

第三节　采煤机伤人事故与运行事故的原因及预防措施

一、采煤机伤人事故的原因及预防措施

（一）采煤机漏电伤人事故的原因

井下发生触电事故的原因，一般是因为电气设备的安装、维修不当，以及工作中疏忽大意或违章操作造成的。

（1）电伤，是指电流通过人体某一局部时电弧烧伤人体，造成人体外部局部性的伤害，一般容易治愈，严重时可使人致残，但一般情况不会致人死亡。

（2）电击，是指触电时电流流过人体内部器官和中枢神经，使内部器官的生理功能受到损害，如使心脏功能紊乱、呼吸活动变慢、肌肉强烈收缩造成窒息等。发生电击，若抢救不及时或抢救方法不当，多数会致人死亡。

（3）接触触电，是指人体直接与带电体接触的触电方式。接触触电又可分为两相触电和单相触电两种。两相触电是指人体同时接触带电的两根相线（火线）的触电。由于电气设备的两根相线相距较近，触电电流仅通过人体的一小部分。因此，发生两相触电死亡事故比较少。单相触电是指人体接触一相带电体，这时触电的危险程度取决于电网中性点是否接地和触电环境。

（4）中性点绝缘时，各相导线对地电阻为绝缘电阻，由于各相导线分布电容的存在，还应考虑分布电容的作用。因此，人体触电电阻为人体电阻与各相导线对地阻抗串联后的结果。这就是说，当电网电压一定的情况下，中性点不接地系统对触电的危险较小。

（5）非接触触电，是指当人靠近高压带电体，距离小于或等于放电距离时，人与高压带电体之间产生放电而引起的触电。这时，通过人体的电流虽然很大，但人会被迅速击倒而脱离电源，有时不会导致死亡，但会造成严重烧伤。

（二）采煤机漏电伤人事故的预防措施

1. 防止人身触电或靠近带电导体

（1）将裸露的电气设备带电部分安装在一定的高度。如井下电机车架空线按《煤矿安全规程》规定的高度悬挂。

（2）对裸露的高压电气设备带电部分必须围以遮栏，防止人员靠近。

（3）井下各种电气设备带电部分都必须装入封闭的外壳内，并有完善的机械闭锁装置，保证不切断电源打不开外盖。

（4）手持式电气设备的操作把手和工作中必须接触的部分，应有良好的绝缘。

（5）各变（配）电所入口处都要悬挂"非工作人员，禁止入内"的牌子。无人值班的变（配）电所，必须关门加锁。

2. 设置保护接地

当设备的绝缘损坏，电压窜到其金属外壳时，把外壳上的电压限制在安全范围内，防止人身触及带电设备外壳而造成触电事故。

3. 设置漏电保护装置

在井下高、低压供电系统中，装设漏电保护装置，防止供电系统漏电造成人身触电和引起瓦斯或煤尘爆炸。

4. 采用较低的电压等级

对人员经常接触的电气设备采用较低的工作电压。《煤矿安全规程》（第四百四十五条）规定照明和手持式电气设备的供电额定电压不超过 127 V；远距离控制线路的额定电压不超过 36 V。

5. 遵守各项安全用电作业制度

井下各项安全用电作业制度是预防人身触电的有效措施。如井下严禁带电检修和搬迁电气设备的规定、非专职电气人员不得擅自摆弄和操作电气设备的规定、停、送电制度的规定、坚持使用漏电继电器及井下电气设备保护接地的规定及维修电气装置时要使用保安工具等，这些安全作业制度都必须严格遵照执行。

二、采煤机运行事故的原因及预防措施

1. 采煤机下滑事故的原因

（1）链牵引采煤机牵引链断链。

（2）工作面倾角大于15°时，没有按规定装设防滑装置。

（3）工作面倾角较大时，没有使用液压安全防滑绞车。

（4）防滑装置调节或使用不当，防滑装置不灵敏损坏。

（5）无链牵引采煤机液压制动器防滑装置制动力矩不够或失灵。

2. 采煤机下滑事故的预防措施

（1）工作面倾角在15°以上时，按规定在采煤机上装设可靠防滑装置。

（2）正确调节、使用防滑装置，必须可靠有效。

（3）工作面倾角较大时，按《煤矿安全规程》规定装设液压安全防滑绞车。必须与采煤机牵引速度保持同步。

（4）当工作面倾角大于15°上山割煤时，应及时推动刮板输送机移架，尽量使输送机弯曲段靠近采煤机。

（5）当工作面倾角较大时，尽量采用单向割煤，即下行时割煤，上行时清理浮煤。

（6）采用无链牵引采煤机时，应调整好液压制动器防滑装置的间隙，保证制动力矩，做到液压制动器防滑装置可靠有效。

复习思考题

1. 电牵引采煤机安全操作有哪些要求？

2. 液压牵引采煤机安全操作有哪些要求？

第七章　液压支架的支护安全

知识要点

☆ 液压支架组成及工作原理

☆ 液压支架可分为几种类型

☆ 掌握液压支架的使用方法

☆ 了解液压支架的操作与维护

☆ 能够判断液压支架的常见故障

第一节　液压支架的组成及工作原理

一、液压支架的组成

液压支架由顶梁、底座、立柱、推移装置、操纵控制装置和其他辅助装置等组成，如图 7-1 所示。

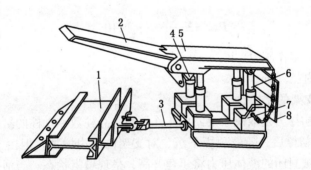

1—输送机；2—前梁；3—推移千斤顶；4—前梁千斤顶；
5—顶梁；6—立柱；7—底座；8—挡矸帘
图 7-1　液压支架图

二、液压支架的工作原理

液压支架在工作过程中，不仅要能够可靠地支撑顶板，而且应能随着采煤工作面的推进向前移动。这就要求液压支架必须具备升、降、推、移 4 个基本动作。立柱操纵阀由活柱和缸体构成，在高压油液作用下活柱升起，支撑顶板；在自重或高压油液作用下活柱下降，架体卸载；架体的推移靠推移千斤顶立柱完成。这些动作是利用泵站供给的高压液体通过不同位置的液压缸和阀来完成的，如图7-2所示。

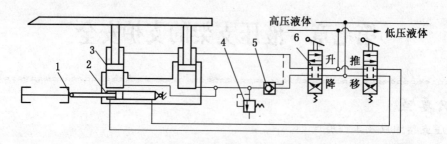

1—输送机；2—推移千斤顶；3—立柱；4—安全阀；5—液控单向阀；6—操纵阀
图7-2　液压支架的工作原理图

液压支架的升降是依靠立柱实现的。立柱是支撑在顶梁和底座之间的液压缸，其动作由控制阀（液控单向阀和安全阀）与操纵阀控制。支架升降时，立柱的动作包括3个过程。

（1）初撑使操纵阀处于升柱位置，由泵站输来的高压液体经液控单向阀进入立柱的活塞下腔，而上腔排液，于是立柱带动顶梁升起，支撑顶板。当顶梁接触顶板后，立柱活塞下腔的压力达到泵站的工作压力时油泵自动卸载，液控单向阀关闭，从而使立柱活塞下腔的液体被封闭，这就是支架的初撑阶段。此时，立柱或支架对顶板产生的支撑力称为初撑力或初抗力。

立柱的初撑力

$$P_{柱1} = \frac{\pi D^2}{4} \cdot p_b \times 10^{-3} t$$

支架的初撑力

$$P_{架1} = \frac{Z \pi D^2}{4} \cdot p_b \times 10^{-3} t$$

式中　p_b——泵站的工作压力，kg/cm^2；

　　　D——缸体内径，cm；

　　　Z——每架支架的立柱数。

显然，支架的初撑力是取决于泵站的工作压力、立柱数和立柱的缸体内径。

（2）承载支架初撑后，随着顶板下沉，对支架的压力增加。但由于液体的压缩性很小，立柱活塞下腔被封闭的液体压力将迅速升高，呈现增阻状态。当活塞下腔压力超过安全阀的动作压力时，高压液体就经安全阀溢出，立柱下缩，直到顶板压力减小。当立柱活塞下腔的液体压力小于安全阀动作压力时，安全阀关闭，停止溢流，支架恢复正常工作。由于安全阀动作压力的限制，立柱就呈现出恒阻状态。这一过程称为支架的承载阶段，此时，立柱或支架承受的最大载荷称为工作阻力或工作抗力。

立柱的工作力

$$P_{柱2} = \frac{\pi D^2}{4} \cdot p_a \times 10^{-3} t$$

支架的工作阻力

$$P_{架2} = \frac{2 \pi D^2}{4} \cdot p_b \times 10^{-3} t$$

式中　p_a——安全阀的动作压力，kg/cm。

同样，支架的工作阻力取决于安全阀的动作压力、立柱数和立柱的缸体内径。工作阻力是表示支架工作能力的一个重要指标，也是液压支架的基本参数。由于支架的顶梁长度和间距不同，有时也常用单位面积顶板所受的工作阻力来表示支架的支护强度。即

$$W = \frac{P_{架2}}{F} \ (\text{t}/\text{m}^2)$$

式中　F——每架支架的支护面积，m^2。

（3）卸载当操纵阀处于降架位置时，高压液体进入立柱的活塞上腔，同时打开液控单向阀，立柱活塞下腔排液，于是立柱或支架就卸载下降。

（4）液压支架的推移动作包括移支架和输送机。虽然支架形式不同，移架与推动刮板输送机方式各不一样，但都是通过液压千斤顶的推、拉来完成的。支架与输送机互为支点的推移方式，其移架与推动刮板输送机共用一个千斤顶，该千斤顶的两端分别与支架底座和输送机相连接。当支架卸载，并向移架千斤顶的活塞上腔输入高压液体，而活塞下腔回液时，就以输送机为支点，拉架前移。当支架支撑顶板，并向千斤顶的活塞下腔进液，活塞上腔排液时，就以支架为支点，把输送机推移到新的位置。在实际工作中，液压支架的各个动作是按支架的结构形式和回采工艺的要求来实现的。

第二节　液压支架的分类

一、根据支架与围岩的相互作用和维护回采空间的方式，液压支架可分为支撑式、掩护式和支撑掩护式 3 类

（1）支撑式支架。支撑式液压支架是利用立柱与顶梁直接支撑来控制工作面的顶板。其顶梁较长、立柱较多、立柱直立、靠支撑作用来维持一定的空间，而顶板岩石则在顶梁后部切断垮落，这类支架的特点是具有较大的支撑能力和良好的切顶性能，适用于支撑中硬以上的稳定顶板。按其结构与动作方式不同，支撑式支架又可分为垛式和节式支架。如图 7 - 3a 所示为垛式支架，它是整体结构、整体移动的，特点是坚固耐用、支护性能好，适用于支撑坚硬顶板。如图 7 - 3b 所示为节式迈步支架，它为框架式结构，由每节为 2 柱的 2 ~ 4 个支架节组成，交错的支架节间用连接板刚性连接成为主、副架。这种支架比较灵活，支护性能好，特点是改善了移架时的顶板支护状况，因而适用于顶板较为破碎的条件下使用。

（2）掩护式支架。掩护式支架是利用立柱、顶梁与掩护梁来支护顶板和防止岩石落进工作面。立柱较少，一般呈倾斜布置，顶梁也较短，而掩护梁直接与垮落的岩石相接触，主要靠掩护作用来维持一定的工作空间，有时亦称为掩护支撑式支架。这类支架的特点是掩护性和稳定性较好，调高范围大，对破碎顶板的适应性较强，但支撑能力较小，适用于支护松散破碎的不稳定顶板或中等稳定的顶板。

（3）支撑掩护式支架。这类支架在结构和性能上综合了支撑式和掩护式的特点，如图 7 -3d 所示。它以支撑为主，掩护为辅，靠支撑和掩护作用来维持一定的工作空间，这类支架的切顶性、防护性和稳定性都较好，适用于压力较大，易于垮落或中等稳定的顶板。它对于缓斜，采高大的采煤工作面具有一定的适应性。

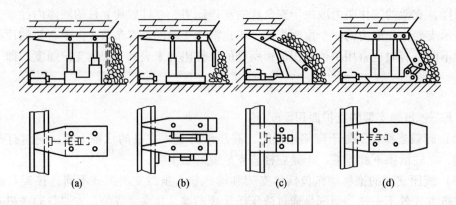

a、b—支撑式；c—掩护式；d—支撑掩护式

图 7-3　液压支架的类型图

二、根据支架的移动方式，液压支架又可分为整体自移式和组合迈步式两类

（1）整体自移式支架。这类支架一般均为整体结构，其移架和推动刮板输送机共用一个千斤顶，能以输送机为支点实现拉架，以支架为支点实现推动刮板输送机。目前，掩护式液压支架多采用此种移动方式，支撑式采用整体自移的又称垛式。

（2）组合迈步式支架。这类支架是由一个或两个以上的框架组成。分主架和副架，先移的为副架，后移的为主架。其移动过程是先降副架，以主架撑紧顶板为支点，利用移架千斤顶伸出推副架前移；然后升副架撑紧顶板作为支点，再降主架，收缩移架千斤顶，拉主架前移，后升主架撑紧顶板。这样主、副架交替为支点前移，与人在行走中迈步相似，故称迈步式，这种支架均为支撑式，习惯上将组成迈步式支架的主、副架称做支架节，也叫做节式。由于每个支架节的支护面积和移架中的悬露面积一般都较整体自移式小，所以该种支架适用于中等稳定但又较完整的顶板。两个以上支架节组成的迈步式支架又称组合迈步式。它的稳定性较好，适用倾角较大（在 15°～20°）的煤层中。有时为增加支撑能力，加强支架的稳定性，也采用垛式与节式相结合的型式，称垛式迈步支架。

（3）根据支架的用途及使用地点不同，又可分为中部支架和端部支架两类。上述均为中部支架，主要用于支护工作面内的顶板。而端部支架则用于工作面两端与回采巷道的连接处，此处顶板悬露面积较大，机械设备较多，又是人员的安全出口，这就要求端部支架不仅能有效地支护顶板，而且要与端部的各种设备相适应。因此，端部支架在结构上具有其特殊性。

第三节　液压支架的使用及维护

一、液压支架的使用方法

支架的前移动作是由推进油缸的伸缩来实现的,支架的支撑和升降靠液压支柱来完成。

（一）机采一次采全高工作面开采顺序

落煤前准备—落煤—伸出前伸梁—装煤运煤—清理—推移输送机—收前伸梁—前移支

架并开始新一循环。

（二）支架推移操作程序（集中供液支架）

1. 先降后移顶梁立柱（提起两立柱）

扳动三向阀先移顶梁立柱控制手柄，将立柱卸压，并使立柱活体柱降缩，立柱离地。

2. 顶梁前移

扳动三向阀推进油缸控制手柄，使油缸收缩，在油缸作用下，连杆在顶梁滑轨中移动，并带动顶梁前移至全油缸最大行程。

3. 顶梁支撑

扳动三向阀立柱控制手柄，给立柱加压，立柱活体柱升伸，支撑顶梁达到初撑力。

4. 降另一顶梁立柱

扳动三向阀另一顶梁立柱控制手柄，将立柱卸压，并使立柱活体柱降缩，立柱离地。

5. 顶梁前移

扳动三向阀推进油缸控制手柄，使油缸伸出，在油缸作用下，连杆在顶梁滑轨中移动，并带动顶梁前移直至油缸最大行程。

6. 顶梁支撑

扳动三向阀立柱控制手柄，给立柱加压，立柱活体柱升伸，支撑顶梁达到初撑力。注意尽量保持初撑时两顶梁位于同一水平。

二、液压支架的操作维护

（1）贯彻执行《煤矿安全操作规程》，确保安全生产。

（2）培训操作员，维护人员，了解支架的结构和特点，熟练掌握操作与维护方法。

（3）操作工必须了解支架各构件的性能和作用。

（4）支撑顶梁前，要求将支柱处垫平，严禁支柱支撑在斜面上，防止损坏支柱等构件。

（5）及时清除支架和运输机之间的浮煤。

（6）支撑顶梁时，如发现顶梁顶空应停止支撑，处理空顶后再支撑。

（7）安装首架要求确保支架的正确方位，架与架之间要求平行，否则会出现支架与支架相碰。

（8）爱护设备，不准用金属件碰撞软管接头，尤其注意防止砸伤支柱，推进缸活塞杆镀层。

（9）操作过程中若出现故障，要及时排除，操作工人要带一定数量密封件和易损件，一般故障操作工应能排除，若个人不能排除的要及时报告并与维修工查找原因，迅速排除故障。

第四节　液压支架的常见故障及排除

一、支架调向

支架前移过程中，发生逐步偏移，甚至挤到一起，调整困难。因此在使用时要注意随时调整前移方向和测量架间距。

在支架初始安装时首先沿工作面拉一条排架的基准线，并按架间距要求顺序排放。

移架过程中如有别卡不可强移强拉，移架过程中可人为操控立柱落地位置，保持支架前移的方向。

二、带压前移

当顶板较软，较破碎时、支架卸载时顶板会随梁下沉、在这种情况下可采取带压移架方式，移架时首先将支架稍微卸载，保持顶梁不离开顶板并仍有一定的支撑力，而后操纵推进油缸，拉动卸载的梁沿顶前移，此时立柱倾斜向前拖动。当该梁前移一个步距后，分别扶正前后柱并撑紧，完成带压移架。

三、支架操作和支护过程中可能出现的故障

在支架操作和支护过程中还可能出现的故障有初撑力偏低工作阻力不足，移架不及时，顶板管理不善等现象。

四、初撑力和工作阻力

支架初撑力的大小，对控制顶板下沉和管理顶板有直接关系，因此，必须保证有足够的初撑力。出现初撑力偏低，主要原因是氟化液压力不足或液压系统漏液造成，操作时充液时间短。保证足够撑力的措施是乳化液泵站的压力必须保持在额定工作压力范围内，液压系统不能漏液，尽量减少管路压力损失。

注意事项：

（1）采煤机采煤时，必须及时移架。当支架与采煤机之间的悬顶距离超过作业规程规定或发生冒顶、片帮时，应当要求停止采煤机。

（2）必须掌握好支架的合理高度。最大的支撑高度不得大于支架的最大使用高度，最小高度不得小于支架的使用高度。当工作面实际采高不符合上述规定时，应报告班长采取措施。

（3）严谨在井下拆检立柱、千斤顶和阀组。整体更换时，应尽可能将缸体缩到最短；更换胶管和阀组液压件时，必须在"无压"状态下进行。

（4）拆除和更换部件时，必须及时装上防尘帽。严谨将高压敞口对着人。

（5）备用的各种液压软管、阀组、液压缸、管接头等必须用专用堵头堵塞，更换时用乳化液清洗干净。

（6）检修主管路时，必须停止乳化泵并采取闭锁措施，同时关闭前一级压力截止阀。

（7）严谨随意拆除和调整支架上的安全阀。

（8）必须按作业规程规定的移架顺序移架，不得擅自调整和多头操作。

（9）采用邻架移架操作时，应站在上一架支架内操作下一架支架，本架操作时必须站在安全地点，面向煤壁操作，严禁身体探入刮板输送机挡煤板内或脚蹬液压支架底座前端操作。

（10）移架时，其下方和前方不得有其他人员工作。移动端头支架、过渡支架时，必须在其他人员撤到安全地点之后方可操作。

（11）移架受阻时，必须查明原因，不得强行操作。

（12）必须保证支架紧密接顶，初撑力达到规定要求。顶板破碎时，必须超前支护。

（13）处理支架上方冒顶时，除遵守本规定外，还必须严格按照制度的安全措施操作。

（14）支架降柱、移架和放煤时，要开启喷雾装置同步喷雾。

【事故案例】

2006年2月20日八点班，一矿综采二队4301工作面，工人杨某在更换110号架前立柱下腔液管时，误将后立柱下腔液管一块拔掉，导致前后立柱下腔液管全部拔脱，支架卸载自降，将杨某挤在后尾梁四连杆之间，头部受伤当场死亡。

直接原因：

支架工检修误操作，造成支架卸载自降是事故发生的直接原因。

间接原因：

（1）检修支架立柱未采取防降措施。

（2）职工正规操作和自保意识差。

整改措施：

（1）操作支架人员必须熟悉支架管路，防止误操作。

（2）更换立柱等液压件时，必须采取临时支护措施，防止顶梁降落伤人。

（3）提高自主保护意识，加强正规操作的学习。

复习思考题

1. 液压支架分哪几类？
2. 液压支架有哪些使用方法？
3. 液压支架的常见故障及排除方法有哪些？

第八章　刮板输送机的运输安全

知识要点

☆ 了解刮板输送机的组成及工作原理
☆ 掌握刮板输送机的使用方法
☆ 了解刮板输送机的维护
☆ 掌握刮板输送机常见故障的处理方法

第一节　刮板输送机的组成及工作原理

一、刮板输送机的组成

刮板输送机主要由机头、机尾、机头（尾）动力部、机头（尾）过渡槽，中部槽、机头（尾）偏转段、电缆槽、垫架和刮板链等组成。

二、刮板输送机的工作原理

刮板输送机是一种利用挠性牵引机构运行的连续运输机械，它可以实现采煤工作面运、装、卸煤的机械化，能清理工作面浮煤或采煤机的运行轨道。刮板输送机的传动路线是电动机通过减速器和联轴器，将动力传递给链轮轴组，再由其带动封闭的刮板链进行环运转而完成运、卸煤炭的功能。

第二节　刮板输送机的使用与维护

一、刮板输送机的使用

输送机投入使用后，应注意以下几点：

（1）开机顺序为带式输送机、破碎机、转载机、输送机、采煤机。停机时可按此相反的顺序进行。

（2）输送机停机前，应先空转几个循环，将输送机上的存煤运出，以利于检修和下次启动。

（3）输送机拉移应逐架缓慢进行，兼顾前后左右，严禁冲击和隔架推移。

（4）拉架时应使其他架完全顶牢，被拉架卸载后再缓缓拉进。

（5）禁止在机头传动部、机尾传动部附近进行爆破作业，否则必须采取保护措施。

（6）禁止在输送机上运送其他物料，特别是杆状物料，以免造成事故。

（7）不允许有超过输送机槽宽的煤块进入输送机。

（8）煤流应尽量均匀，避免超载运行。

二、刮板输送机的维护

（一）每班检查

（1）检查刮板链、接链环有无损坏，任何弯曲和损坏的刮板都必须立即更换。

（2）检查链轮轴组运转是否正常、是否漏油，油温不得超过 90 ℃，机头机尾油箱油位是否充足。

（3）检查电机是否正常运转，电机油温不得超过 90 ℃。

（4）检查减速器是否漏油，有无异常声响和震动，减速器油温不得超过 90 ℃。

（5）清除机头、机尾、减速器上杂物，以利于散热。

（6）检查机尾是否有过多的回煤，必要时应找出原因。

（二）每日检查

（1）重复每班检查项目。

（2）检查刮板链张紧是否松紧合适，两条链松紧是否一致。

（3）检查链轮有无损坏。

（4）检查拨链器是否正常，输送机不能有歪料、卡链现象。

（三）每周检查

（1）重复每日检查项目。

（2）检查传动部是否安全可靠、有无损坏，检查各紧固件，松动的要拧紧，损坏的要更换。

（四）每月检查

（1）重复每周检查项目。

（2）取一段链条进行检查，如果其伸长量达到或超过原始长度的 2.5%，则要换新链条。

（五）每季检查

（1）重复每月检查项目。

（2）检查减速器内的润滑液。

（六）每半年检查

（1）重复每季检查内容。

（2）将减速器油全部放出，清洗箱体内部并更换新油。

第三节　刮板输送机常见故障与处理

注意事项：

（1）当输送机运行时，任何人不得横跨输送机，不得翻越输送机，同时也不允许滞留在卸载端和机尾端。

表 8-1　刮板输送机常见故障处理

故 障 现 象	原 因	处 理 方 法
电动机启动不起来或启动后缓缓停转	1. 供电电压太低 2. 负荷太大 3. 接触有障碍	1. 提高供电电压 2. 减轻负荷，将槽箱内的煤卸下一部分 3. 检查继电器
电动机发热	1. 启动过于频繁 2. 超负荷运转时间太长 3. 电动机散热情况不好 4. 轴承缺油或损坏	1. 减少启动次数，待各部位故障消除后再启动 2. 减轻负荷，缩短超负荷运转时间 3. 检查电机冷却水是否畅通，调整水压达到要求值，消除电机上的浮煤和杂物 4. 给轴承加油或更换轴承
电动机声响不正常	1. 单项运转 2. 接线头不牢	1. 查单项原因 2. 查接线柱
链轮轴组温度过高	1. 润滑油注油不足 2. 轴承损坏	1. 按要求加足润滑油 2. 更换轴承
减速器漏油	1. 密封圈损坏 2. 上下箱体合面不严，各端盖压不紧	1. 更换损坏的密封圈 2. 拧紧合箱及端盖螺栓，严禁在合箱面加垫
减速器声音不正常	1. 齿轮啮合不好 2. 齿轮磨损损坏 3. 轴承磨损严重或损坏 4. 齿面有黏附物 5. 箱体内有杂物 6. 轴承游隙太大	1. 调整齿轮啮合情况 2. 更换新齿轮 3. 更换轴承 4. 检查清除 5. 排油进行清理 6. 调整轴承游隙
减速器升温过高	1. 润滑油不干净 2. 润滑油不合格 3. 注油太多 4. 散热条件不好	1. 清洗干净重新换油 2. 换新油 3. 放掉多余润滑油 4. 清除减速器箱上的浮煤及杂物
刮板链跳链或吊链	1. 链条卡进金属物 2. 刮板链过度松弛	1. 清除链条内金属物 2. 重新紧链
刮板链振动严重	刮板链预紧力太大	放松链条
刮板链掉道	刮板链过度松弛	紧链

（2）除了工作面采出的煤和矸石以外，不允许运载其他物料。

（3）输送机运行时，不可倚靠输送机，也不可坐在或站在输送机上。

（4）运行过程中不可站在输送机上靠工作面一侧。

（5）除非输送机检修，否则在拆掉护板的情况下不许开动机器，若要开动，也应在有关人员的严格监视下进行。当输送机检修时，刮板仍可能通过链轮运载煤和矸石，应格外小心不要站在卸载端和机尾端的链轮对面。

（6）设备运行时应和运动部件保持一定的安全距离。

（7）当检修设备或输送机运行时，操作人员应注意安全。

（8）所有的螺栓和连接件应正确安装，并按规程拧紧。

（9）工作面输送机进行维护保养工作（如更换刮板、链轮、链条等）都应在断开电源的情况下进行。

（10）使用阻链装置紧链时，机械、电器的关联部分必须十分协调。紧链完毕后，切记要松开紧链装置和拆除阻链装置。

（11）工作面输送机要谨防链条过度张紧。如果发生链条过度张紧则在链条上进行任何工作都是危险的。

（12）拆卸和更换液压件时，应先释放掉压力。

【事故案例】

2003 年 8 月 15 日，某煤矿综采队在某工作面夜班，工作面正常生产，采煤机在机头向机尾行驶，端头支护工张某从工作面轨道中巷到工作面找高压管子，因刮板输送机距机尾间隙较小，张某直接从刮板输送机上跨越，就在张某把脚踏在输送机上时，他没有注意到机尾的刮板已经出槽，随即被出槽的刮板刮倒，接着被带着向机头走。支架操作工钱某及时向采煤机司机发出停机信号，待张某被救出时已经奄奄一息。跟班副队长迅速组织人员抢救，经送医院抢救虽然张某保住了一条命，却造成下肢截瘫的重伤事故。

直接原因：

违章在刮板输送机运行时直接跨越输送机。

间接原因：

（1）工作面机尾侧没有设置人行过桥。

（2）在跨越刮板输送机时被刮倒，负有管理的责任。

整改措施：

（1）工作面端头安全出口的行人宽度及高度必须符合规程及措施要求，当工作面没有行人出口时，必须加设行人过桥或采取其他措施保证出口畅通。在没有行人过桥的地点通过运输设备时必须坚持停机行人制度，严禁人员跨越运行中的运输设备。

（2）加强设备的检修与维护管理，及时更换刮板输送机、刮板及中部槽，防止飘链。移动刮板输送机时要严格按照规定要求，顺直刮板输送机，杜绝操作不当造成刮板输送机出链等事故。

（3）立即对全体职工进行岗位操作技能培训，奖优罚劣，不合格者停班学习，狠抓落实，从根本上提高职工对隐患的防范能力。

（4）组织职工重新学习"三大规程"及安全技术措施，并结合此次事故教训，深刻反思，开展好警示教育。

（5）进一步明确和落实各级安全生产责任制，强化关键工序和重点隐患的双重预警，并加强特殊作业人员的安全管理。

复习思考题

1. 如何使用刮板输送机？

2. 刮板输送机的维护要做到哪些？

第九章　采区机电安全

第一节　采区供电安全

一、采区作业环境对供电系统及电气设备的安全要求

（1）井下采区容易发生冒顶和片帮事故，所以电气设备和电缆线路很容易受到这些外力碰砸、挤压，甚至在运输设备材料时，出现跑车事故，使电气设备受到撞击。因此，采区电气设备必须有非常坚固的外壳。

（2）井下采区的空气中通常含有瓦斯及煤尘，在其含量达到一定浓度时，如遇到电气设备或线路产生电弧、电火花和局部高温，就会燃烧或爆炸。因此，选用电气设备时，必须选用适合这种环境的防爆型电气设备。

（3）井下空气比较潮湿，而且机电硐室和巷道经常有滴水及淋水，使电气设备和电缆容易受潮而出现漏电现象。因此，电气设备的绝缘材料应具有良好的防潮性能。

（4）采区电气设备移动频繁，电缆在拆迁时，也易遭受弯曲、折损等机械伤害；生产中使用电气设备的负荷变化较大，设备容易出现过负荷。因此，要防止电缆受损、出现漏电和短路等故障。

（5）井下硐室、巷道、采掘工作面的空间狭小，电气设备的体积应受到一定限制。由于人体接触电气设备的机会较多加之井下湿度大、灰尘多，要防止发生触电事故。

（6）采区有些机电硐室和巷道的温度较高，使电气设备的散热条件较差，因而需要保持设备的清洁和良好的通风。

（7）采煤、掘进和开拓巷道都需要使用电雷管，而电气设备的泄漏电流（包括直流

电机车轨道回流时产生的杂散电流及静电）有可能会将电雷管先期引爆。因此，要避免电流泄漏和产生静电。

二、采区变电所硐室的结构及设备布置

采区变电所是采区用电设备的电源，其设置对采区供电安全和供电质量有直接的影响。采区变电所硐室的结构及设备布置应满足下列要求：

（1）采区变电所应用阻燃性材料支护。从硐室出口防火铁门起 5 m 内的巷道，应砌碹或用其他阻燃性材料支护。

（2）硐室必须装设向外开的防火铁门，铁门全部敞开时，不得妨碍运输。铁门上应装设便于关严的通风孔。装有铁门时，门内可加设向外开的铁栅栏门，但不得妨碍铁门的开闭。

（3）变电所硐室长度超过 6 m 时，必须在硐室两端各设 1 个出口。硐室内必须设置足够数量的用于扑灭电气火灾的灭火器材，如干粉灭火器、灭火砂、防火锹、防火钩等。

（4）室内敷设的高低压电缆可吊挂在墙壁上，高压电缆也可置于电缆沟中。高压电缆应去掉黄麻外皮，高压电缆穿入硐室的穿墙孔应用黄泥封堵。

（5）硐室内各种设备与墙壁之间应留出 0.5 m 以上的通道，各种设备相互之间，应留出 0.8 m 以上的通道，对不需从两侧或后面进行检修的设备，可不留通道。

（6）带油的电气设备必须设在机电硐室内，严禁设集油坑。带油的电气设备溢油或漏油时，必须立即处理。

（7）硐室的过道应保持畅通，严禁存放无关的设备和物件。

（8）硐室内的绝缘用具必须齐整、完好，并做定期绝缘检验，合格后方可使用。绝缘用具包括绝缘靴、绝缘手套和绝缘台。

（9）硐室入口必须悬挂"非工作人员禁止入内"字样的警示牌。硐室内必须悬挂与实际相符的供电系统图。硐室内有高压电气设备时入口处和硐室必须在明显地点悬挂"高压危险"字样的警示牌。

（10）采区变电所应设专人值班。应有值班人员岗位责任制、交接班制度、运行制度。值班人员应如实填写交接班记录、运行记录、漏电继电器试验记录等。无人值班的变电所硐室必须关门加锁，并有值班人员巡回检查。

（11）硐室内的设备，必须分别编号，标明用途，并有停送电的标志。

三、移动变电站

移动变电站由高压开关、干式变压器、隔爆低压馈电开关及各种保护装置组成一个整体，安装在移动架上，也可在轨道上滚动。移动变电站一般设在距工作面 50～100 m 处随工作面的推进而移动。移动变电站的电源由中央变电所或采区变电所 6 kV 高压直接供电。

第二节　矿用电气设备

煤矿井下使用的电气设备可分为两大类，即矿用一般型电气设备和矿用隔爆型电气设备。矿用一般型电气设备是专为煤矿井下生产的一种不防爆的电气设备。对矿用一般型电

气设备的基本要求是：外壳封闭、坚固、防滴、防溅、防潮性能好，能防止从外部直接触及带电部分。有专门接线盒，有防止带电打开的机械闭锁。由于矿用一般型电气设备不防爆，所以只能用于没有瓦斯煤尘爆炸危险的矿井。在有瓦斯、煤尘爆炸危险的矿井，只能用于井底车场、总进风道等通风良好、瓦斯煤尘爆炸危险性很小的场所。矿用一般型电气设备外壳上均有清晰的"KY"标志。在煤矿井下有瓦斯煤尘爆炸危险的采掘工作面，为保证煤矿生产安全，只能使用能够防爆的矿用隔爆型电气设备。

一、隔爆电气设备

（一）隔爆电气设备的概念及类别

各类电气设备，在对其采取安全技术措施后，能保证其在一定的爆炸危险场所实现安全用电，这种电气设备通称为隔爆电气设备。隔爆电气设备按使用环境的不同分为两大类，一类为煤矿井下用的隔爆电气设备，主要用于含有甲烷混合物的爆炸性环境；另一类为除煤矿井下外其他爆炸性气体环境用的隔爆电气设备。

（二）矿用隔爆电气设备的类型

在井下爆炸性环境中工作的电气设备必须是防爆电气设备，以使其在正常规定的运行条件下不能引爆周围的爆炸性混合气体。

设备型式包括以下几方面：

（1）隔爆型电气设备。即具有隔爆外壳的隔爆电气设备，该外壳既能承受其内部爆炸性气体混合物引爆产生的爆炸压力，又能防止爆炸产物穿出隔爆间隙点燃外壳周围的爆炸性混合物。

（2）增安型电气设备。即在正常运行条件下不会产生电弧、电火花或可能点燃爆炸性混合物的高温的设备结构上，采取措施提高安全程度，以避免在正常和认可的过载条件下出现这些现象的电气设备。

（3）本质安全型电气设备。即全部电路均为本质安全电路的电气设备。所谓本质安全电路是指在规定的试验条件下，正常工作或规定的故障状态下产生的电火花和热效应均不能点燃规定的爆炸混合物的电路。

（4）正压型电气设备。即具有正压外壳的电气设备。即外壳内充有保护性气体，并保持其压力（压强）高于周围爆炸性环境的压力（压强），以阻止外部爆炸性混合物进入的防爆电气设备。

（5）充油型电气设备。即全部或部分部件浸在油内，使设备不能点燃油面以上或电气设备外壳外的爆炸性混合物的防爆电气设备。

（6）充砂型电气设备。即外壳内充填砂粒材料，使之在规定的条件下壳内产生的电弧、传播的火焰、外壳壁或砂粒材料表面的过热温度，均不能点燃周围爆炸性混合物的防爆电气设备。

（7）浇封型电气设备。即将电气设备或其部件浇封在浇封剂中，使它在正常运行和认可的过载或认可的故障下不能点燃周围爆炸性混合物的防爆电气设备。

（8）无火花型电气设备。即在正常运行条件下，不会点燃周围爆炸性混合物，且一般不会发生有点燃作用故障的电气设备。

（9）气密型电气设备。即具有气密外壳的电气设备。

（10）特殊型电气设备。即异于现有防爆型式，由主管部门制定暂行规定，经国家认可的检验机构证明，具有防爆性能的电气设备。该型防爆电气设备须报国家技术监督局备案。

（三）防爆电气设备的防爆标志及表面温度的规定

防爆标志由防爆电气设备的类别和类型、级别和组别连同防爆总标志"Ex"构成。例如隔爆型电气设备的防爆标志为"ExdI"，其中，Ex 为总防爆标志，d 为隔爆型电气设备的标志，I 指电气设备类别为 I 类，即煤矿井下用电气设备。

防爆电气设备运行环境的温度为 20～40 ℃。I 类防爆电气设备允许最高表面温度：表面可能堆积粉尘时为 150 ℃；采取措施防止堆积时，则为 450 ℃。

二、防爆电气设备的失爆现象及预防措施

（一）常见失爆现象

防爆电气设备的失爆是指矿用电气设备的隔爆外壳失去了耐爆性或隔爆性。常见的失爆现象有以下几方面：

（1）由于隔爆接合面严重锈蚀，有较大的机械伤痕凹坑，连接螺钉没有压紧，而使它们的间隙超过规定值，因此失爆。

（2）运输过程严重碰撞而使外壳严重变形，因隔爆外壳上的盖板、接线嘴和接线盒的连接螺钉折断，螺栓损坏，使其机械强度达不到规定的要求而失爆。

（3）在隔爆外壳内不经批准随便增加元件或部件，内部电气距离小于规定值，造成经外壳相间弧光接地短路，使外壳烧穿而失爆。

（4）连接电缆没有使用合格的密封圈或未用密封圈，不用的电缆接线孔没有使用合格的封堵挡板而失爆。

（5）接线柱、绝缘座烧毁,使两个空腔连通,内部爆炸时产生过高压力而使外壳失爆。

（二）电气设备失爆预防措施

（1）搬运防爆电气设备要轻拿轻放。

（2）保持良好的使用环境。

（3）加强备用设备的管理。

（4）使用旧的防爆设备或部件必须严格检查检修。

（5）设备使用要合理，保护要齐全。

（6）备品配件要齐全合格，严格按《煤矿安全规程》操作。

第三节 电缆的使用与维护

一、矿用电缆的种类

矿用电缆分为铠装电缆、橡套电缆和塑料电缆 3 种。

（1）铠装电缆。所谓铠装电缆，就是用钢丝或钢带把电缆铠装起来，其最大优点是油浸电缆纸的绝缘强度高，适用作高压电缆，在井下多用于对固定设备和半固定设备供电。由于钢丝或钢带抗拉力强，所以钢丝铠装电缆多用于立井井筒或急倾斜巷道中，而钢

带铠装电缆多用于水平巷道或缓倾斜巷道。

（2）橡套电缆。橡套电缆分普通橡套电缆、阻燃橡套电缆和屏蔽橡套电缆3种。对于井下移动设备的供电，多采用柔软性好、能够弯曲的橡套电缆。

（3）塑料电缆。这种电缆的主要结构同上面所讲的两种电缆基本相同，只是它的芯线绝缘和外护套都是用塑料制成的。特点是成本低允许工作温度高，绝缘性能好，护套耐腐蚀，敷设的落差不受限制等。在条件允许时，应尽量采用塑料电缆。

二、电缆的选用

电缆的选择与供电的可靠性、安全性及是否经济合理有很大的关系。《煤矿安全规程》（第四百六十三条）规定井下电缆的选用应遵守下列规定：

（1）电缆主线芯的截面应当满足供电线路负荷的要求。电缆应当带有供保护接地用的足够截面的导体。

（2）对固定敷设的高压电缆：在立井井筒或者倾角为45°及其以上的井巷内，应当采用煤矿用粗钢丝铠装电力电缆；在水平巷道或者倾角在45°以下的井巷内，应当采用煤矿用钢带或者细钢丝铠装电力电缆；在进风斜井、井底车场及其附近、中央变电所至采区变电所之间，可以采用铝芯电缆；其他地点必须采用铜芯电缆。

（3）固定敷设的低压电缆，应当采用煤矿用铠装或者非铠装电力电缆或者对应电压等级的煤矿用橡套软电缆。

（4）非固定敷设的高低压电缆，必须采用煤矿用橡套软电缆，移动式和手持式电气设备应当使用专用橡套电缆。

三、电缆的敷设

《煤矿安全规程》（第四百六十四条）规定电缆的敷设应当符合下列要求：

（1）在水平巷道或者倾角在30°以下的井巷中，电缆应当用吊钩悬挂。

（2）在立井井筒或者倾角在30°及以上的井巷中，电缆应当用夹子、卡箍或者其他夹持装置进行敷设。夹持装置应当能承受电缆重量，并不得损伤电缆。

（3）水平巷道或者倾斜井巷中悬挂的电缆应当有适当的弛度，并能在意外受力时自由坠落。其悬挂高度应当保证电缆在矿车掉道时不受撞击，在电缆坠落时不落在轨道或者输送机上。

（4）电缆悬挂点间距，在水平巷道或者倾斜井巷内不得超过3 m，在立井井筒内不得超过6 m。

（5）沿钻孔敷设的电缆必须绑紧在钢丝绳上，钻孔必须加装套管。

《煤矿安全规程》（第四百六十五条）规定电缆不应悬挂在管道上，不得遭受淋水。电缆上严禁悬挂任何物件。电缆与压风管、供水管在巷道同一侧敷设时，必须敷设在管子上方，并保持0.3 m以上的距离。在有瓦斯抽采管理的巷道内，电缆（包括通信电缆）必须与瓦斯抽采管路分挂在巷道两侧。盘圈或者盘"8"字形的电缆不得带电，但给采、掘等移动设备供电电缆及通信、信号电缆不受此限。井筒和巷道内的通信和信号电缆应当与电力电缆分挂在井巷的两侧，如果受条件受限：在井筒内，应当敷设在距电力电缆0.3 m以外的地方；在巷道内，应当敷设在电力电缆上方0.1 m以上的地方。高、低压电力电缆敷设在巷道同一侧时，高、低压电缆之间的距离应当大于 0.1 m。高压电缆之间、低压电缆之间的距离不得小于 50 mm。井下巷道内的电缆，沿线每隔一定距离、拐弯或者分支点以及连接不同直径电缆的接线盒两端、穿墙电缆的墙的两边都应当设置注有编号、用途、电压和截面的标志牌。

四、电缆的日常维护和定期巡视检查

（1）定期检查电缆运行和悬挂情况。日常维护的专门负责人要每天检查 1 次，发现问题及时处理。

（2）定期检查线路及线路中连接器的温度。如接线盒、辅助接地极、线路的温度，专门负责人每班应检查 1 次。线路表皮的最高允许温度一般是 6 kV 时，不超过 35 ~ 40 ℃；低压橡套电缆不超过 50 ~ 55 ℃；连接器（件）接线处的温度也不得超过同级电压电缆、芯线的最高允许温度（低压橡套电缆）65 ℃，并做好记录。

（3）移动设备电缆，应当由移动设备负责人（移动设备的操作者）跟班检查。掘进巷道或工作面附近电缆余下的部分应呈“S”形悬挂，在不准带电的情况下盘圈。电缆应严防其他外力冲击或用力拖拽。

（4）高、低压电缆管理专职人员，根据电缆管理要求实行全面管理，定期检查，查出的问题要及时书面通知使用单位，并限期处理与复查。

第四节　井下供电系统的三大保护

为了避免煤矿井下供电系统造成的各种危害，煤矿井下供电系统中主要采取过电流保护、漏电保护和接地保护三大保护措施。

一、井下低压电网过电流保护

在井下供电系统中，电气设备（包括供电线路）的电流超过其额定电流时都称为过电流，简称过流。煤矿井下低压电网产生过流的原因主要有短路、过负荷和断相。为了防止设备损坏和故障范围扩大，在过流故障发生后能及时切断故障线路的电源，井下电气设备及其线路必须装设过流保护装置。井下低压电网常用过流保护装置有熔断器、电磁式过流继电器、限流热继电器等。

二、井下漏电保护

井下电气设备或电缆因绝缘下降或局部绝缘损坏，使电流经绝缘损坏处流入大地或经外壳流入大地的现象称为漏电。人体接触漏电设备外壳时，会造成触电伤亡事故；漏电电流经与地、设备外壳接触位置，可能产生电火花，引起瓦斯、煤尘爆炸；漏电回路上各点存在电位差，若电雷管的引线两端接触不同电位的两点，可能先期引爆，造成伤亡事故；长期漏电还可能发展成短路，造成电气火灾，烧毁电气设备。为防止漏电故障造成严重危害，井下必须装设并坚持使用漏电保护装置。《煤矿安全规程》（第四百五十三条）规定井下低压馈电线必须装设检漏保护装置或者有选择性的漏电保护装置，保证自动切断漏电的馈电线路。每天必须对低压漏电保护进行 1 次跳闸试验。

三、井下接地保护

接地保护是指用导体把电气设备中的所有正常不带电的外露金属部分和埋在地下的接地板连接起来的一种保护装置。各处的接地极、接地线、电缆的接地芯线等都是保护接地装置，由于有了保护接地，就可将带电设备外壳的对地电压降低到安全数值，一旦人体接触到这些外壳，不至于发生触电危险。为使接地保护真正发挥作用，《煤矿安全规程》规定电压在 36 V 以上和由于绝缘损坏可能带有危险电压的电气设备的金属外壳、构架，铠装电缆的钢带（钢丝）、铅皮（屏蔽护套）等必须有保护接地。《煤矿安全规程》规定，任一组主接地极断开时，井下总接地网上任一保护接地点的接地电阻值，不得超过 2 Ω。每一移动式和手持式电气设备至局部接地极之间的保护接地用的电缆芯线和接地连接导线的电阻值不超过 1 Ω。

第五节　照明、通讯与信号安全

一、照明安全要求

《煤矿安全规程》规定下列地点必须有足够的照明：

（1）井底车场及其附近。

（2）机电设备硐室、调度室、机车库、爆炸物品库、候车室、信号站、瓦斯抽放泵站等。

（3）使用机车的主要运输巷道、兼作人行道的集中带式输送机巷道、升降人员的绞车道以及升降物料和人行交替使用的绞车道（照明灯的间距不得大于 30 m，无轨胶轮车主要运输巷道两侧安装有反光标识的不受此限）。

（4）主要进风巷的交岔点和采区车场。

（5）从地面到井下的专用人行道。

（6）综合机械化采煤工作面（照明灯间距不得大于 15 m）。地面的通风机房、绞车房、压风机房、变电所、矿调度室等必须设有应急照明设施。

《煤矿安全规程》规定严禁用电机车架空线作照明电源。

《煤矿安全规程》（第四百七十一条）规定矿灯的管理和使用应遵守下列规定：

（1）矿井完好的矿灯总数，至少应当比经常用灯的总人数多 10%。

（2）矿灯应当集中统一管理。每盏矿灯必须编号，经常使用矿灯的人员必须专人专灯。

（3）矿灯应当保持完好，出现亮度不够、电线破损、灯锁失效、灯头密封不严、灯头圈松动、玻璃破裂等情况时，严禁发放。发出的矿灯，最低应当能连续正常使用 11 h。

（4）严禁使用矿灯人员拆开、敲打、撞击矿灯。人员出井后（地面领用矿灯人员，在下班后），必须立即将矿灯交还灯房。

（5）在每次换班后 2 h 内，必须把没有还灯人员的名单报告矿调度室。

（6）矿灯应当使用免维护电池，并且有过流和短路保护功能。采用锂子蓄电池的矿灯应当具有防过充电、过放电功能。

（7）加装其他功能的矿灯，必须保证矿灯的正常使用要求。

《煤矿安全规程》（第四百七十六条）规定矿灯房应符合下列要求：

（1）用不燃性材料建筑。

（2）取暖用蒸汽或热水管式设备，禁止采用明火取暖。

（3）有良好的通风装置，灯房和仓库内严禁烟火，并备有灭火器材。

（4）有与矿灯匹配的充电装置。

二、通信与信号安全要求

凡井下防爆型的通信、信号和控制等装置，应优先采用本质安全型。

主副井提升机房、井底车场、运输调度室、采区变电所、上下山绞车房、水泵房、带式输送机集中控制硐室等主要机电硐室、保健站和采掘工作面，都应安装电话。井下主要水泵房、中央变电所、矿井地面变电所和地面通风机房的电话，直接与矿调度室和地面中央交换台联系。

井下电话线路严禁利用大地作回路。电机车架空线或动力线路可供载频通信、信号和控制之用。

电气信号必须符合下列要求：

（1）矿井中的电气信号，除信号集中闭塞外应能同时发声和发光。重要信号装置附近，还应标明信号的种类和用途。

（2）升降人员和主要井口提升机的信号装置的直接供电线路上，严禁分接其他负荷。

（3）水仓司机同煤水泵司机、高压泵司机、脱水筛司机之间，应装电话及声光兼备的信号。

井下照明和信号装置应采用具有短路、过载和漏电保护的照明信号综合保护装置配电。

第六节　井下安全用电规定

一、《煤矿安全规程》对井下安全用电的有关规定

严禁井下配电变压器中性点直接接地。严禁由地面中性点直接接地的变压器或发电机直接向井下供电。

井下不得带电检修、搬迁电气设备、电缆和电线。检修或搬迁前，必须切断电源，检查瓦斯，在其巷道风流中瓦斯浓度低于 1.0% 时，再用与电源电压相适应的验电笔检验；检验无电后，方可进行导体对地放电。控制设备内部安有放电装置的，不受此限。所有开关的闭锁装置必须能可靠地防止擅自送电，防止擅自开盖操作，开关把手在切断电源时必须闭锁，并悬挂"有人工作，不准送电"字样的警示牌，只有执行这项工作的人员才有权取下此牌送电。

《煤矿安全规程》（第四百四十三条）规定操作井下电气设备应遵守下列规定：

（1）非专职人员或者非值班电气人员不得操作电气设备。

（2）操作高压电气设备主回路时，操作人员必须戴绝缘手套，并穿电工绝缘靴或者

站在绝缘台上。

（3）手持式电气设备的操作手柄和工作中必须接触的部分必须有良好绝缘。

二、煤矿安全生产对井下安全用电的有关规定

正确安装、使用电气设备，按规定对电气设备进行检查、维修和保养。

正确选择电缆和敷设电缆，加强电缆管理，防止井下电缆事故的发生。

井下低压电网完善"三大保护"，即过电流保护、漏电保护和保护接地。

加强电气安全管理。要建立健全管理机构，认真落实各项管理制度，严格对防爆设备、"三大保护"、煤电钻综合保护装置、局部通风机风电瓦斯闭锁、电缆的敷设和运行情况、安全防护设施等进行全面监督检查，对电气事故隐患及时处理。

严格电工操作规程。所有螺丝垫圈要齐全、完整、压紧适度；防爆密封圈、挡板要合格；接线时火线、地线要有一定的余度。井下供电系统必须做到"三无""四有""两齐""三全""三坚持""十不准"。

三无：无"鸡爪子"，无"羊尾巴"，无明接头。

四有：有过流和漏电保护装置，有螺钉和弹簧垫圈，有密封圈和挡板，有接地装置。

两齐：电缆悬挂整齐，设备硐室清洁整齐。

三全：防护装置齐全，绝缘用具齐全，图纸资料齐全。

三坚持：坚持使用检漏继电器，坚持使用煤电钻、照明和信号综合保护，坚持使用局部通风机瓦斯电和风电闭锁装置。

十不准：不准甩掉无压释放器、过电流保护和接地保护装置；不准甩掉漏电继电器、煤电钻综合保护和局部通风机风电瓦斯闭锁装置；不准带电检修；不准用铜、铝、铁丝代替保险丝；不准明火操作、明火打点、明火爆破；停风停电的采掘工作面，未经检查瓦斯不准送电；有故障的供电线路，不准强行送电；保护装置失灵的电气设备不准使用；失爆电气设备和电器不准使用；不准在井下敲打、撞击、拆卸矿灯。

注意事项：

矿井应有两回路电源线路，当任意回路发生故障停止供电时另一回路应能担负矿井全部负荷。

（1）对井下变（配）电所，往排水泵房和下山开采的采区排水泵房供电的线路，不得少于两回路。

（2）主要通风机提升人员的立井绞车、抽放瓦斯泵等主要设备房，应各有两回路直接由变（配）电所馈出的供电线路。

（3）严禁井下配电变压器中性点直接接地。严禁由地面中性点直接接地的变压器或发电机直接向井下供电井下不得带电检修、搬迁电气设备、电缆和电线。

（4）操作井下电气设备应遵守下列规定：①非专职人员或非值班电器人员不得擅自操作电气设备；②操作高压电气设备主回路时，操作人员必须戴绝缘手套，并穿电工绝缘靴或站在绝缘台上；③手持式电气设备的操作手柄和工作中必须接触的部分必须有良好绝缘。

容易碰到的、裸露的带电体及机械外露的传动和传动部分必须加装护罩等防护设施。

井下各级配电电压和各种电气设备的额定电压等级应符合下列要求：

（1）高压不超过 10000 V。

（2）低压不超过 1140 V。

（3）照明、信号、电话和手持式电气设备的供电额定电压，不超过 127 V。

（4）远距离控制线路的额定电压不超过 36 V。

井下低压配电系统同时存在两种或两种以上电压时，低压电气设备上应明显地标出其电压额定值。

矿井必须备有井上、下配电系统图，井下电气设备布置示意图和电力、电话、信号、电机车等线路平面辐射示意图，并随着情况变化定期填绘。

电动机、变压器、配电设备、信号装置、通信装置等装设地点。

每一设备的型号、容量、电压、电流种类及其他技术性能。

馈出线短路、过负荷保护的整定值，熔断器熔体的额定电流值以及被保护干线和支线最远点两相短路电流值。

线路电缆的用途、型号、电压、界面和长度。

保护接地装置的安设地点。

电气设备不应超过额定值运行。井下防爆电气设备变更额定值使用和进行技术改造时，必须经国家授权的矿用产品资料监督检验部门检验合格后，方可投入运行。

防爆电气设备入井前，应检查其"产品合格证"、"煤矿矿用产品安全标准"及安全性能；检查合格并签发合格证后，方能入井。

【事故案例】某矿"2007 年 4 月 23 日"中央主要通风机停机事故

2007 年 4 月 23 日 9 时 07 分，由中央变电所配出的供 N2 七层变电所的 2 号高压铠装电缆（电缆截面 95 mm²）在北二七层二部带式输送机道 8 号和 9 号 H 架之间发生单相接地（电缆爆破），瞬时造成中央变电所的 2 号高开内部电压互感器连接线产生弧光短路，致使井下中央变电所内 15 号主授开关保护动作跳闸，北一、北二采区全部停电。由于 2 号高开产生弧光短路，瞬间电流增大、电压降低，波及到地面电网电压的下降，造成地面主要通风机停风，9 时 08 分主要通风机完成倒机工作，恢复通风。9 时 10 分井下恢复送电，停风期间井下各地点无瓦斯超限。

直接原因：

中央变电所的 2 号高开内部的电压互感器电源连线上端线鼻子处断丝（疑是接线时造成），由于 2 号铠装电缆接地，瞬间电压降低，在漏电保护没有动作前，因过电流产生窝流烧断连接线，产生弧光，损坏 2 号高开。继而 15 号主授漏电保护动作跳闸，引发地面电网电压波动，使 2 号主要通风机变频系统保护动作停机。

间接原因：

中央变电所配出的 2 号铠装电缆在留有弛度处没有采取防护措施，受外伤（疑是带式输送机掉块砸伤）后，导致电缆对地绝缘能力降低，造成电缆单相对地短路，致使电缆爆破。电修队对采区供电的电缆检查维护不到，没能及早发现 2 号电缆上所存在的隐患。

整改措施：

（1）对井下电缆进行普查，特殊地点必须采取防护措施。

（2）加强对井下电缆的维护、检查，发现问题及时处理，定期进行绝缘测试。

（3）加强操作人员的技术培训和安全教育，提高开关、缆线的接线质量，防止在接线过程中对缆线的损伤。

（4）大井主要通风机变频系统停止投入使用，由厂家对该系统缺陷进行整改，经集团公司认定满足安全需要后方可投入使用。

复习思考题

1. 煤矿井下安全用电有哪些规定？
2. 煤矿井下供电系统"三大"保护是什么？

第十章 安全操作技能

第一节 采煤机的安装与调试

一、采煤机的井上验收及试运转

（一）井上验收

新采煤机与大修后的采煤机应在下井前组织验收。要根据有关技术标准、规范来检验采煤机的配套情况、技术性能、质量、数量及技术文件是否齐全合格。参加验收的人员必须熟悉采煤机的性能，了解采煤机的结构和工作过程。采煤机司机和维修人员一定要参加验收工作。

采煤机验收的内容及要求如下：

（1）列出采煤机各部件的名称及数量，各部件应完整。

（2）根据采煤机的技术特征，检查采煤机的实际性能参数应符合要求。

（3）配套的刮板输送机、液压支架及桥式转载机等设备的配套性能和配套尺寸应符合要求。

（4）进行采煤机的机械部分动作试验，各把手及部件的动作应灵活、可靠，底托架、滑靴、滚筒及牵引行走机构等的外观应完好无缺陷。

（5）进行采煤机电气部分的动作试验，各按钮的动作应符合要求，各防爆部件及电缆进口应符合要求。

（6）进行牵引部性能试验，包括空载跑合试验、分级加载试验、正转和反转压力过载试验以及牵引速度零位和正反向最大速度测定。空载跑合试验时，其高压管路压力不大于 4 MPa，油温升至 40 ℃后，在接通冷却水情况下正、反向各运转 1 h，分级加载试验按额定牵引力的 50% 及 75% 加载，每级正、反向各运转 30 min，加载结束时油温不大于 80 ℃。

（7）进行截割部性能试验时，包括空载跑合试验和分级加载试验。空载跑合试验须在滚筒额定转速下正、反向各转 3 h。分级加载试验按电动机额定功率的 50% 及 75% 加载，每级正、反向转 30 min，加载结束时，油温不大于 100 ℃。

（8）将采煤机摇臂位于水平位置，16 h 后，其下沉量小于 25 mm。

（9）在不通冷却水的条件下，电动机带动机械部分空运转 1 h，电动机表面温度小于 70 ℃，无异常振动声响及局部温升。

（二）地面运转前检查的主要内容及要求

（1）采煤机零部件应齐全、完好。

（2）运动部件的动作应灵活可靠。

（3）把手位置应正确，操作应灵活可靠。

（4）外部管路连接应正确，各接头处应无漏水、漏油现象，各油池、油位润滑点应按要求注入油脂。

（5）各箱体腔内应无杂物和积水。

（6）电气系统的绝缘、防爆性能应符合要求。

（三）地面试运行的内容及要求

（1）地面试运行一般不少于 30 min 的整机运行。

（2）操作各部把手，按钮动作应灵活可靠。

（3）注意各部机体运行的声音和平稳性。

（4）测量各处温升应符合要求。

（5）摇臂升降要灵活，同时测量升到最高、最低位置的时间。

（6）操作牵引换向把手调速旋钮，使采煤机正、反向牵引，测量其空载转速应符合要求，把手在中间零位时牵引速度应为零。

（7）在试验运行期间，要检查各部连接处应无漏油，各连接管路应无漏油，运转声音应正常。

（8）各个压力表的读数应正确。

（9）测量电动机三相电流应正常、平衡。

（10）进行各种保护装置的动作试验，应符合技术文件及其他相关规定的要求。

二、采煤机的井下安装与试运转

（一）井下安装前的准备

采煤机的安装准备分为现场准备和工具准备两个方面。

1）现场准备

（1）在采煤机安装前，液压支架和输送机必须先安装好，但输送机的机尾待采煤机部件吊入输送机的机道后才能安装。

（2）采煤机的井下安装是在工作面输送机上进行的。安装地点的支架要用横梁加固，以保证起重时能承受机器的重量，同时有足够的长度和大约 2.5 m 的宽度。

（3）确定工作面端部的支护方式，并维护好顶板。

（4）开好机窝。一般机窝在工作面上端头运输道口，长度为 15~20 m，深度不小于 1.5 m。

（5）在对准机窝运输道上帮硐室中装 1 台回柱绞车，并在机窝上方的适当位置固定 1 个吊装机组部件的滑轮。

2）工具准备

采煤机安装时需要准备的工具一般有撬棍、绳套、万能套管、活扳手和专用扳手、液压千斤顶、手动起吊葫芦及其他工具（如手锤、扁铲、砂布、锉刀、常用手钳、螺丝刀以及小活扳手等）。

（二）采煤机的安装程序

1）有底托架采煤机的安装程序

（1）先把底托架安装到工作面输送机上。

（2）把牵引部、电动机和电控箱放到底托架的正确位置上，然后用螺栓与底托架固定。

（3）在已安装固定好的牵引部、电动机和电控箱整体组合件的两端分别对接上左、右截割部减速器，并用螺栓固定好。

（4）连接调高调斜千斤顶、油管、水管、电缆等附属装置。

（5）安装左右滚筒及挡煤板。

（6）铺设和张紧牵引链，接通电源和水管等。

2）无底托架采煤机的安装程序

（1）把完整的右（或左）截割部（不带滚筒和挡煤板）安装在刮板输送机上，并用木柱将其稳住，把滑行装置连接在刮板输送机导向管上。

（2）把牵引部和电动机的组合件置于右截割部的左侧，同样用木柱支垫起来；然后将右截割部与牵引部和电动机组合件之间的两个接合面擦干净，用螺栓将这两大件连接在一起。

（3）用同样的方法将左截割部与牵引部和电动机组合件的左侧用螺栓连接。

（4）固定滑行装置，将油管和水管与千斤顶及有关部位接通。

（5）将左右 2 个滚筒分别固定在左右摇臂上，装上挡煤板。

（6）铺设牵引链并锚固张紧，再接通电源、水源等。以上为链牵引采煤机的一般安装程序，无链牵引采煤机的一般安装程序与链牵引采煤机的安装程序基本相同。采煤机的类型很多、结构组成差别也较大，其具体的安装程序会有所不同。但总体上有底托架采煤机的安装程序为先下部后上部、先中间后两端、先主要部件后辅助装置。无底托架采煤机的安装程序一般是从采煤机一端开始依次顺序安装主要部件，然后安装辅助装置。

（三）采煤机安装时的注意事项

（1）安装前必须制定安装作业规程和安全技术措施并认真贯彻执行。

（2）零部件安装要齐全，不合格零件不安装，确保安装质量。

（3）碰伤的接合面必须修理，修理合格后方能安装，以防止转时漏油。

（4）安装销、轴时，要将其清洗干净，涂以油脂；严禁在没有对准时用大锤硬砸，防止敲坏零部件。

（5）在对装花键时，一要清洗干净，二要对准槽，三要平稳地拉紧。

（6）要保护好电气元件和操作把手、按钮，避免损坏；接合面要清洗干净并涂上密封胶。

（7）安装完毕后，要先检查后试车。

（8）试车时必须把滚筒处的杂物清理干净，确定无问题后方可试车。

（四）采煤机安装时的质量要求

（1）零部件完整无损，螺栓齐全并紧固，把手和按钮动作灵活、位置正确，电动机与牵引部及截割部的连接螺栓牢固，滚筒及挡煤板的螺钉（栓）齐全、紧固。

（2）油质和油量符合要求，无漏油、漏水现象。

（3）电动机接线正确，滚筒旋转方向适合工作面的要求。

（4）空载试验时，低压正常、运转声响正常。

（5）牵引链锚固正确，无拧链，连接环垂直安装，有涨销。

（6）电缆尼龙夹齐全，电缆长度符合要求。

（7）用手盘动滚筒，不应有卡阻现象，滚筒齿座、截齿齐全。

（8）冷却水、内外喷雾系统符合要求。

（9）各种安全保护装置齐全，试验合格，工作可靠安全。

（五）采煤机的井下试运转

采煤机安装好后，需进行试运转。接通采煤机电源以前应进行下列检查：

（1）检查各操作把手、控制按钮，操作应灵活可靠、位置正确，仪表显示正确。

（2）检查所有管路系统和各零部件接合面密封处应无渗漏现象，紧固件无松动。

（3）检查滚筒上的截齿应齐全、安装牢固。

（4）检查冷却喷雾、降尘系统应可靠有效，喷嘴齐全、畅通。

（5）检查牵引机构、滑行装置应无卡阻。

（6）在正式割煤前，还要对工作面进行一次全面检查，如工作面信号系统应正常，工作面输送机应铺设平直、运行正常，液压支架、顶板和煤尘情况应正常等。

（7）进行采煤机试运转时，先使采煤机空机运转 10～15 min，然后沿工作面带负荷运行一个整循环。在此过程中，采煤机应达到以下要求：①机器音响正常，各部位温度正常；②牵引正常，控制灵活；③电流、电压符合要求；④液压系统压力符合规定；⑤滚筒升降灵活，升降速度符合规定；⑥冷却喷雾水流畅通，压力达到要求；⑦电缆、水管拖移装置工作状态正常；⑧无漏油、漏水现象。

第二节　采煤机在特殊条件下的安全操作

一、采煤机在破碎顶板和分层假顶工作面的安全运行

采煤工作面煤层顶板破碎时，为利于破碎顶板管理，一般都采用铺设金属网的办法，以防顶板垮落。

厚煤层分层开采的综采工作面，随着回采，金属网上垮落的岩石胶结成再生顶板，成为下分层的一种金属网假顶。采煤机在这种条件下安全运行时，应注意以下几点：

（1）为了给下分层采煤工作创造良好的工作条件，消除或减少漏冒顶现象，应根据垮落的顶板岩石性质，采取向采空区注水或注泥浆的办法，促使垮落岩石胶结形成再生顶板，从而为下分层采煤工作创造有利条件。

（2）采煤机司机要配合相关人员经常维护假顶，保持假顶的完整性，防止下分层出现坠包而破网。采煤机司机要掌握好分层采高，力求使支架顶梁与顶网保持在同一平面上，以减少金属网所受拉力，防止金属网因过度弯曲而发生人工顶板崩落事故。

（3）在金属网下割煤时，采煤机的滚筒不应靠近顶板截割，以免割破顶网。一般要求留300 mm左右厚度的顶煤，如果顶板比较坚硬，可留200～300 mm厚的假顶。

（4）在金属网下割煤时，尤其是采上分层时，因底板不是岩石而是煤，一定要操作控制好采煤机割平底板，不能出现台阶式底板，否则将造成推动刮板输送机、移架困难。

（5）当煤层厚度变化较大时，采煤机司机要及时掌握和调整各分层的采高，以免造成上、下分层采高过大或过小，给采煤机截割造成困难。为此，开采时工作面沿走向每推进一定距离后，仍要在工作面沿倾斜方向每隔10～15 m打一钻孔，继续探查煤厚，以便随时调整和控制上、下分层的采高。

（6）当煤壁片帮严重时，应及时伸出支架护帮板护帮。如未来得及护帮造成片帮时，应及时前移支架超前支护。若是大块煤掉落到中部槽或采煤机滑靴附近堵住采煤机时，应先停机对大块煤进行人工破碎处理，然后再装运。

二、采煤机过断层的安全运行

（一）采煤机过断层

（1）当走向断层位于工作面中部、落差小、附近煤层厚度大于滚筒直径时，一般不必挑顶或挖底，可采取留底煤的办法，使工作面平推硬过。留底煤的办法就是在底板上留下一块三角煤，使采煤机及输送机沿工作面底板上所留的三角煤通过断层。如不留底煤，也可以在底板上垫坑木或矸石，使其保持一定坡度，以保证采煤机及输送机顺利通过断层。一般较多的是采取留底煤的办法。

（2）当工作面的断层落差较大，附近煤厚小于滚筒直径时，一般用拉底或挑顶的办法，使采煤机顺利通过断层。此时应注意采煤机的机身平稳性，严格控制采煤机牵引速度。

（3）当断层靠近上下平巷、落差较大、难以处理时，可另开一段平巷，用联络巷与原平巷连通的方法，将工作面缩短，躲开断层。

（二）采煤机过倾斜断层

（1）对于落差等于或小于煤层厚度的倾斜（与工作面斜交）断层，一般采用让采煤机硬过的办法。

（2）采煤机通过断层时，如果煤壁方向与断层线互相平行或相交的角度太小，则断层的暴露范围将很大，会引起顶板压力急剧增加，顶板维护将十分困难。因此，为了使断层与工作面交叉面积尽量小，应在通过断层以前预先调整好工作面方向。一般在工作面距断层 15 m 左右时进行调整，使工作面煤壁方向与断层线保持一定的夹角。夹角越大，交叉面积越小，顶板的维护越容易，但通过断层的时间相对延长。根据经验，一般认为夹角为 25°～40°之间较好。

（3）采煤机通过断层时，要特别注意底板坡度的变化、顶板破碎和坚硬岩石等问题。煤层顶、底板坚固性系数小于 4 时，可采用采煤机直接截割的办法；如果煤层顶、底板岩石硬度高时，则要采用打眼爆破的方法预先挑顶或起底。顶板破碎时，支架移动要和采煤机配合好，应在采煤机前滚筒割煤后立即移架支护。

（4）当采煤机通过工作面断层时，不论断层是在工作面上部或下部，一般应采用起底的办法，尽量不要采用挑顶的办法，以避免破坏顶板岩层的稳定性，增加维护上的困难。由于断层的顶板比较破碎，支架前移应采用擦顶移架的方法。

三、采煤机在倾斜煤层工作面中的安全运行

倾斜煤层综采工作面由于煤层倾角较大，工作面中的设备容易下滑。因此，在倾斜煤层工作面中操作采煤机时应注意以下问题：

（1）使用链牵引采煤机时，必须配用防滑液压安全绞车，并有可靠的防滑装置。液压安全防滑绞车必须安置在巷道顶板完整的地点，必须加打立柱并固定牢靠。当防滑绞车移位时，应尽量使采煤机下行截入煤壁，同时采取相应的锁定措施。

使用无链牵引采煤机时，必须有可靠的液压制动器防滑装置。当液压制动器防滑装置损坏不能制动时，严禁开机采煤。

（2）以防滑杆为防滑装置的采煤机在运行中一旦发生断链，输送机应立即停转，防滑杆随即插入输送机刮板，防止采煤机下滑。因此，要求该类采煤机断链和输送机停转要有安全联锁装置。

（3）对于倾角大、煤质硬的煤层，采煤机应采用单向割煤。也就是采煤机沿工作面下行割煤、上行跑空刀、往返进一刀的割煤方式。这样，可以避免上行割煤时由于牵引阻力大而导致采煤机下滑和牵引速度太慢的现象，尤其是可避免煤质坚硬时前滚筒割下来的大块煤卡住采煤机等现象。

（4）倾角大的煤层，采煤机下行割煤时，上平巷的张紧装置应保证牢固可靠，并有足够的张紧力。特别是平链轮传动的采煤机，本身吐链就不快，若上平巷的张紧装置不牢固可靠，会因卡链而发生断链事故。

（5）倾角大的煤层，使用平链轮传动的采煤机下行割煤时，采煤机机身一定要有坚固的导链装置，防止牵引链把导链轮拨出。

（6）采煤机的正常停机要注意防滑。当下行割煤时，要使滚筒切入煤壁后再停止牵引或停机；当上行割煤时，务必使两滚筒降到最低处后再停止牵引或停机。

（7）电缆、水管要有防滑措施，可采用分段固定电缆和改变电缆布设方式来实现。分段电缆固定，采煤机下行割煤时，为防止移动电缆（含水管）下滑，可用木楔或旧胶带条将移动电缆分段固定在电缆槽中，待采煤机临近时再解除固定。改变电缆布设方式，采用有较大空间的电缆槽，防止移动电缆出槽下滑。

（8）在倾角大于 30°的工作面，从减少运输设备和电力消耗来考虑，应采用自溜运输方式为好。

第三节 滚筒采煤机的安全操作运行及维护

一、采煤机的安全操作运行

采煤机司机应掌握与采煤机配套设备的结构、原理、性能及相关的采煤工艺，在此基础上要严格执行《煤矿安全规程》和《煤矿安全作业规程》的有关规定，正确操作机组。在日常工作中，要对采煤机进行维护保养，经常检查设备，发现故障及时排除，以确保机组的安全运行。延长设备的使用寿命，保护国家和人民的财产。

二、采煤机安全操作和维护时的注意事项

（1）未经专门培训或经过培训但未取得合格证（特种作业人员安全操作证）的人员不得开机。

（2）应严格执行岗位责任制、操作规程、现场交接班制度、设备维修保养制度及《煤矿安全规程》中的有关规定。

（3）开机前要预先喊话，并发出相应的预警信号，注意观察机器周围的情况，确无不安全的因素时方可开机。

（4）无喷雾冷却水或水的压力、流量达不到要求时不准开机。

（5）除紧急情况外，一般不允许在停止牵引前用停止按钮、隔离开关、断路器或急停开关来直接停止电动机。

（6）截割滚筒上的截齿应无短缺和损坏。

（7）启动电动机，在其即将停止转动时操作截割部离合器。

（8）禁止带负荷启动和频繁启动开机。

（9）采煤机在割煤过程中，要注意割直、割平并严格控制采高，防止工作面出现过度弯曲或顶、底板出现台阶式状况，注意防止割到支架顶梁或输送机铲煤板。

（10）工作面遇到坚硬夹矸或黄铁矿结核时应采取松动爆破措施处理，严禁用采煤机强行切割。

（11）采煤机停止时应先停牵引机后再停电动机。

（12）需要较长时间停机时，应在按顺序停电动机后，再断开隔离开关，脱开离合器，切断磁力启动器隔离开关。

（13）采煤机运行时，应随时注意电缆、水管拖移情况，以防损坏。

（14）更换滚筒截齿时，应断开截割部离合器与隔离开关，让滚筒在适宜的高度上用手转动滚筒，检查及更换截齿。

（15）主机发出异常声响或过热时，必须立即停机检查、待处理好后方可开机工作。

（16）司机在翻转挡煤板时，要正确操作，以防损坏挡煤板。

（17）工作面瓦斯、煤尘超限时，必须立即停止割煤，必要时按规定断电，撤出人员。

（18）工作面倾角较大时，要采用有效的防滑措施。

（19）认真填写运转日志及班检记录。

三、采煤机司机操作程序

(一) 开机前的准备

(1) 检查支护情况，注意采煤机周围有无障碍、杂物及人员。观察煤层的变化情况，以及顶、底板的起伏、工作面输送机运行情况。

(2) 检查设备。检查控制手把、按钮与安全设施是否灵敏、准确、可靠；各部润滑是否符合要求；连接件是否齐全、紧固；截齿是否齐全；电缆、水管固定是否可靠；供水压力、流量是否符合要求；工作面信号系统是否正常。发现问题要及时解决。

(3) 每班开始工作前，应脱开滚筒和牵引链轮，在停止供水的情况下空运转 10 ~ 15 min，使油温升至 40 ℃左右时，再正常开机。空运转及正常开机时，注意观察滚筒及各部状况，倾听运转声音，观察液压系统和冷却喷雾系统的压力是否正常，有无渗漏，喷水雾化是否良好。

(4) 各项检查工作结束后，方可发出预警信号，准备开机。

(二) 运行操作

(1) 检查工作结束后，发出信号通知运输系统由外向里按顺序逐台启动输送机。

(2) 待工作面输送机启动后，采煤机可按下列顺序启动：①合上电动机、隔离开关；②点动启动按钮，待电动机即将停止转动时，合上截割部离合器；③打开水闸总阀，供给冷却喷雾水；④发出采煤机启动预警信号，并注意机器周围有无人员及障碍物；⑤按启动按钮，观察滚筒转动方向是否正确；⑥操作调高按钮或手柄，把挡煤板翻转到滚筒后面再把滚筒调至所需高度。

(3) 牵引速度要由小到大逐渐增加，不许猛增。要根据顶、底板及煤层的构造情况随时调整采煤机的牵引速度。

(4) 顶、底板不好时要采取措施，不许强行切割，也不准甩下不管。对硫化铁、夹矸、断层空巷等要提前处理好。

(5) 随时注意采煤机各部的温度、压力、声音和运行情况，发现异常情况要及时停机检查并处理好，否则不许继续开机。

(6) 大块煤、矸石及其他物料不准拉入采煤机底托架内。

(7) 电缆、水管不得受拉、受挤压，不许拖在电缆槽或电缆车外。

(8) 不许在电动机开动的情况下，操作滚筒离合器。

(9) 运转过程中应注意观察冷却喷雾水的压力、流量及雾化情况是否符合要求。无水不得开机割煤。

(10) 不允许频繁启动电动机（处理故障时除外）。

(11) 停机时，坚持先停牵引机构，后停电动机。无异常情况，不允许在运行中直接用停电动机的方式停机，更不允许用紧急停机手柄（或按钮）直接停机。

(三) 停机操作

正常停机操作的原则是：先停牵引机构，后停电动机

(1) 将牵引调速手把打到"0"位（或将开关阀手把打回"0"位电动机恒功率开关回"0"位），停止牵引。

(2) 待截割滚筒内余煤排净后，用停止按钮停电动机。

（3）把离合器及其操作手把打回"0"位，关闭进水截止阀。

（4）操作人员离机或长时间停机时，要将两个滚筒放到底板，断开离合器、隔离开关，关闭进水总截止阀。

遇有下列情况之一时可以紧急停车：

（1）当采煤机负荷过大，牵引不动时。

（2）采煤机附近片帮冒顶，危及安全时。

（3）出现重大人身事故时。

（4）采煤机本身发生异常，如内部发生异响、采煤机掉道等。

第四节　滚筒采煤机操作规程

（1）认真做好操作前的准备工作，严格执行操作中的注意事项和岗位责任制。

（2）采煤机在工作中发现负荷大、温度高、有异常声响时、要停车检查，绝对不允许"带病"运行。

（3）采煤机在运行中发现局部冒顶和片帮时，应及时进行处理，处理好后再开动采煤机，不得将采煤机截割滚筒当做破碎机用以破碎冒矸。

（4）工作面输送机停止运行时，采煤机不得开动割煤。

（5）发现采煤机牵引不正常时，要仔细观察液压系统压力、温度、过滤、漏损等情况，不得随意打开牵引部盖进行修理，更不允许随意更换元件，尤其是主泵。

（6）经常检查和紧固滚筒、挡煤板、底托架、滑靴及机身之间的连接螺栓。

（7）各部油位符合规定，冷却器不得漏水，过滤器不得堵塞。

（8）操作采煤机时应做到"平、直、匀、净、严、准、细、紧、勤、精"十字准则。

平：割煤时保持顶、底板平整。

直：煤壁要割直。

匀：采煤机牵引速度要均匀。

净：采煤机用的油质要保持绝对干净、存、运、装、换油都必须专人专桶。

严：严格执行操作规程和岗位责任制，不得开快车，不准无证开车。

准：在采煤机运行中发现异常现象时要及时进行分析、处理，找故障点要准确，操作动作要准确。

细：检查要仔细。

紧：各部连接螺栓要经常处于紧固状态。

勤：勤检查，勤维护，使采煤机经常保持在完好状态。

精：对采煤机的结构、性能精通，做到精心操作、精心维护。

第五节　滚筒采煤机对工作油液的使用要求

一、日常维护

（1）每班均需注意各部油位，如果缺油不许开动机器。尤其是牵引部油池，无论在什么情况下，均应保持油标所示的油量，以保证正常运转。

（2）每班应随时注意精过滤器情况，如堵塞应立即清洗或换滤芯。

（3）随时注意油温。

（4）每周用现场观察油质的方法检查油质；每月用化验的方法检验油质。

（5）在更换各处滤芯时，应防止脏物进入系统内部。

二、给采煤机注油的注意事项

（1）按设备润滑图表要求的油脂品种牌号加注润滑油脂，严防加错油。

（2）油桶、油抽子要专用，油枪及其他油具要清洁，严防把杂物带进油池。

（3）液压油、齿轮油经过过滤后再注入采煤机，确保注入的油符合要求。

（4）注油量要适当，要符合说明书的要求。

（5）换油时油池中的旧油要放净，并将油池清洗干净。

（6）注油时严防水进入油池。

（7）注油后，盖板要密封可靠，螺丝紧固，严防松动，以防水和杂质混进油中。

三、油液的更换

（一）油液更换注意事项

（1）超过油液更换标准时，应立即更换。

（2）不同牌号的油液不得混合使用。

（3）旧油排尽后，各油箱应用新油液冲洗干净。

（4）新油液注入机器过程中，应严格过滤。更换新油后，机器要空运转一段时间。

（二）液压油的更换标准

现场判断油质标准见表 10 – 1。

表 10 – 1　现场判断油质标准

外 观 检 查	气　味	处 理 意 见
透明、澄清	良好	照常使用
透明、有小黑点	良好	过滤后可使用
乳白色	良好	更换新油
黑褐色	恶臭	更换新油

试样静置后油液自下而上澄清，说明是由于空气混入所致，排除空气后仍可使用。如果油液至上而下澄清，说明是油液中混入水分所致，不能继续使用。

（三）工业齿轮油的更换标准

现场判断：采煤机用工业齿轮油的更换主要取决油的物理与化学性能的变化。在工作面现场发现油液有强烈的刺激味、颜色变成黑褐色或机械杂质严重超限等情况之一时，均应换油。

（四）油液的存放、运送及注油

（1）油液存放时，必须注意防水、防尘、防氧化，要有清晰的油液型号标记。

（2）从地面运送到井下的油，必须经过过滤，过滤度为 0.01～0.02 mm 之间，以专用的密封油桶运至井下工作面。

（3）注油时，必须先仔细清理注油口周围，防止煤粉及水混入，应用手摇泵注油。

（五）工作面采煤机打开机盖时的防护措施

（1）主机周围须适量洒水，适当减少风量，并选择顶板较好的地点。

（2）在主机上方架起防止顶板落碴的帐篷。

（3）彻底清理上盖及螺钉窝内的煤尘。

（4）直接参加拆装人员的矿工帽、工作服、工具和手等必须清洁；工具的数目清楚，修理完后要清点工具件数，以防遗落在机壳内。

（5）排除故障后箱内的油液应按更换油液标准处理。

（6）禁止用纱布、棉纱、破布等擦拭液压油池及液压元件，可用泡沫塑料、海绵擦黏。

第六节　滚筒采煤机的维护保养

《煤矿安全规程》规定采掘设备（包括液压支架、泵站系统）必须有维修和保养制度并有专人维护，保证设备性能良好。

包机制：对设备的维修保养工作要落实到人。要责任与经济效益相结合维修工作好的给予奖励，维修保养不当的要承担责任。

一、滚筒采煤机的检查

采煤机的维修、保养实行"班检"、"日检"、"周检"、"月检"，这是一项对设备强制检修的有效措施，称为"四检"制。

（一）班检

班检由当班司机负责进行，检查时间不少于半小时。

（1）检查处理外观卫生情况，保持各部清洁，无影响机器散热、运行的杂物。

（2）检查各种信号、仪表情况，确保信号清晰，仪表显示灵敏可靠。

（3）检查各部连接件是否齐全、紧固，特别要注意各部对口、盖板、滑靴及防爆电气设备的连接与紧固情况。

（4）检查牵引链、连接环及张紧装置连接固定是否可靠，有无扭结、断裂现象，液压张紧装置供应压力是否适宜，安全阀动作值整定是否合理。

（5）检查导向管、齿轨、销轨（销排）连接固定是否可靠，发现有松动、断裂或其他异常现象和损坏等，应及时更换处理。

（6）补充、更换短缺、损坏的截齿。

（7）检查各部手柄、按钮是否齐全、灵活、可靠。

（8）检查电缆、电缆夹及拖缆装置连接是否可靠，是否无扭曲、挤压、损坏等现象。

（9）检查液压与冷却喷雾装置有无泄漏。压力、流量是否符合规定，雾化情况是否良好。

（10）检查急停、闭锁、防滑装置与制动器性能是否良好，动作是否可靠。

（11）倾听各部运转声音是否正常，发现异常要查清原因并处理好。

（二）日检

（1）日检由维修班长负责，有关维修工和司机参加，检查处理时间不少于 4 h。进行班检各项检查内容，处理班检处理不了的问题。

（2）按润滑图表和卡片要求，检查、调整各腔室油量，对有关润滑点补充相应的润滑油脂。

（3）检查处理各渗漏部位。

（4）检查供水系统零部件是否齐全，有无泄漏、堵塞，发现问题及时处理好。

（5）检查滚筒端盘、叶片有无开裂、严重磨损及齿座短缺、损坏等现象，发现有较严重问题时应考虑更换。

（6）检查电气保护整定情况，搞好电气试验（与电工配合）。

（7）检查电动机与各传动部位温度情况，如发现温度过高，要及时查清原因并处理好。

（三）周检

周检由综采机电队长负责，机电技术员及日检人员参加，检查处理时间不少于 6 h。

（1）进行日检各项检查内容，处理日检难以处理的问题。

（2）检查各部油位、油质情况，必要时进行油质化验。

（3）认真检查处理对口、滑靴、支撑架、机身等部位相互间连接情况和滚筒连接螺栓的松动情况并及时紧固。

（4）检查牵引链链环节距伸长量，发现伸长量达到或超过原节距的 3% 时，即应更换。

（5）检查过滤器，必要时清洗更换。

（6）检查电控箱，确保腔室内干净、清洁、无杂物，压线不松动，符合防爆与完好要求。

（7）检查电缆有无破损，接线、出线是否符合规定。

（8）检查接地设施是否符合《煤矿安全规程》规定。

（四）月检

月检由机电副矿长或机电副总工程师组织机电科和周检人员参加，检查处理时间同周检或稍长一些时间。

（1）进行周检各项内容，处理周检难以解决的问题。

（2）处理漏油，取油样检查化验。

（3）检查电动机绝缘、密封、润滑情况。

（五）检修维护滚筒采煤机时应遵守的规定

（1）坚持"四检"制，不准将检修时间挪作生产或他用。

（2）严格执行对采煤机的有关规定。

（3）充分利用检修时间，合理安排人员，认真完成检修计划。

（4）检修标准按原煤炭部 1987 年颁发的《煤矿机电设备完好标准》执行。

（5）未经批准严禁在井下打开牵引部机盖。必须在井下打开牵引机盖时，需由矿机电部门提出申请，经矿机电领导批准后实施。开盖前，要彻底清理采煤机上盖的煤矸等杂物，清理四周环境并洒水降尘、然后在施工部位上方吊挂四周封闭的工作帐篷，检修人员在帐篷内施工。

（6）检修时，检修班长或施工组长（或其他施工负责人），要先检查施工地点、工作条件和安全情况，再把采煤机各开关、手把置于停止或断开的位置，并打开隔离开关（含磁力启动器中的隔离开关），闭锁工作面输送机。

（7）注油清理要按油质管理细则执行，注油口设在上盖上，注油前要先清理干净所有碎杂物，注油后要清除油迹，并加密封胶，然后紧固好。

（8）检修结束后，按操作规程进行空运转，试验合格后再停机、断电、结束检修工作。

（9）检查螺纹连接件时，必须注意防松螺母的特性，不符合使用条件及失效的应予更换。

（10）在检查和施工过程中，应做好采煤机的防滑工作。注意观察周围环境变化情况，确保安全施工。

二、滚筒采煤机的完好标准

《煤矿机电设备完好标准》中对滚筒采煤机有严格规定。

（一）机体的完好标准

（1）机壳、盖板裂纹要固定牢靠，接合面严密、不漏油。

（2）操作手把、按钮、旋钮完整动作灵活可靠，位置正确。

（3）仪表齐全、灵敏准确。

（4）水管接头牢固，截止阀灵活，过滤器不堵塞，水路畅通、不漏水。

（二）牵引部的完好标准

（1）牵引部运转无异响，调速均匀准确。

（2）牵引链伸长量不大于设计长度的3%。

（3）牵引链轮与牵引链传动灵活，无咬链现象。

（4）无链牵引链轮与齿条、销轨或链轨的啮合可靠。

（5）牵引链张紧装置齐全可靠，弹簧完整。紧链液压缸完整，不漏油。

（6）转链、导链装置齐全，后者磨损不大于10 mm。

（7）液压油质量符合（80）煤机综52号《综采、普采设备油脂管理办法补充规定（草案）》。

（三）截割部的完好标准

（1）齿轮传动无异响，油位适当，在倾斜工作位置，齿轮能带油，轴头不漏油。

（2）离合器动作灵活可靠。

（3）摇臂升降灵活，不自动下降。

（4）摇臂千斤顶无损伤，不漏油。

（四）截割滚筒的完好标准

（1）滚筒无裂纹或开焊。

（2）喷雾装置齐全，水路畅通，喷嘴不堵塞，水成雾状喷出。

（3）螺旋叶片磨损量不超过内喷雾的螺纹。无内喷雾的螺旋叶片，磨损量不超过原厚度的1/3。

（4）截齿缺少或截齿无合金的数量不超过10%，齿座损坏或短缺的数量不超过2个。

（5）挡煤板无严重变形，翻转装置动作灵活。

（五）电气部分的完好标准

（1）电动机冷却水路畅通，不漏水。电动机外壳温度不超过 80 ℃。

（2）电缆夹齐全牢固，不出槽，电缆不受拉力。

（六）安全保护装置的完好标准

（1）采煤机原有安全保护装置（如与刮板输送机的闭锁装置、制动装置、机械摩擦过载保护装置、电动机恒功率装置及各种电气保护装置）齐全可靠，整定合格。

（2）有链采煤机在倾角 15°以上工作面使用时，应配用液压安全绞车。

（七）底托架、破碎机的完好标准

（1）底托架无严重变形，螺栓齐全紧固，与牵引部及截割部接触平稳。

（2）滑靴磨损均匀，磨损量小于 10 mm。

（3）支撑架固定牢靠，滚轮转动灵活。

（4）破碎机动作灵活可靠，无严重变形、磨损，破碎齿齐全。

三、采煤机冷却喷雾系统日常检查内容

（1）检查供水压力、流量、水质，发现不符合用水要求时，要及时查清原因并解决。

（2）检查供水系统有无漏水情况，若发现漏水时，要及时处理好。

（3）每班检查喷嘴情况，如有堵塞或脱落，要及时疏通补充。

（4）每周检查一次水过滤器，必要时清洗并清除堵塞物。如经常严重堵塞时，要缩短检查周期，必要时每日检查一次，确保供水质量。

第七节　滚筒采煤机的检修

滚筒采煤机是综合机械化采煤设备中关键的设备，其性能和设备状态直接关系到整个综采工作面的生产效率。因此必须有计划地对采煤机进行检修。按检修内容，采煤机的检修可分为小修、中修和大修。

一、滚筒采煤机的小修

当采煤机投入使用后，除了每天检查各班的正常检修外，每三个月就应该进行一次停机小修，提前处理可能导致严重损坏的隐患问题。

（1）将破损的软管全部更新，各种阀、液压接头和仪表若不可靠应进行更换。

（2）各油室应清洗干净，更换经过滤后的新油液。

（3）全部紧固所有的连接螺栓。

（4）对每个润滑点加注足够的润滑油或油脂。

（5）齿座若有开焊或裂纹应重新焊好。

二、滚筒采煤机的中修

采煤机的中修一般在使用期达六个月以上或者采煤 0.35 Mt 以上时进行，中修厂地应设在有起重设备的厂房内，中修项目包括：

（1）拆下所有的盖板、液压系统管路和冷却系统管路。

（2）清洗机器周围所有的脏物和被拆下的零部件。

（3）更换已损坏的易损件，如密封、轴承、接头阀、仪表、液压元件等。

（4）检查截割部、牵引部的传动齿轮是否有异常。

（5）所有的齿轮箱、液压箱内部要清洗干净，按规定更换新的油液。

（6）打开电动机控制箱盖，检查各电气元件的损坏情况，以及电动机绕组对地绝缘电阻。

（7）组装好采煤机后按规定程序进行牵引部、截割部的试验。

（8）按规定试验程序进行整机试验。

三、滚筒采煤机的大修

在采煤机运转2~3年、产煤量达0.8~1.0 Mt后，如果其主要部件磨损超限，整机性能普遍降低，并且具备修复价值和条件的，可进行以恢复性能为目标的整机大修。采煤机的大修应在集团公司指定的机修厂进行。

（1）将整机全部解体，按部件清洗检查。编制可用件与补制件明细表及大修方案，制订制造和采购计划。

（2）主油泵、补油泵、辅助泵、马达、各种阀、软管、仪表、接头、摩擦片、轴承、密封等都应更换新件。

（3）对所有的护板、箱体、滚筒、摇臂，凡碰坏之处都要进行修复，达到完好标准。

（4）各油室应清洗干净，加注合格的油液。

（5）紧固所有的连接螺栓。

（6）各主要部件装配完成后，按试验程序单独试验后，方可进行组装。

（7）对电动机的全部电控元件逐一检查，关键器件必须更换。

（8）组装后按整机试验要求及程序进行试验，其主要技术性能指标不得低于出厂标准。

第八节　判断滚筒采煤机故障的程序、方法、步骤和注意事项

一、判断故障的程序

根据实践经验，判断故障的程序是听、摸、看、量和综合分析。

听：听取当班司机介绍发生故障前后的运行状态、故障征兆等，征询司机对故障的看法和处理意见，必要时可开动采煤机听其运转声响。

摸：用手摸可能发生故障点的外壳，判断温度变化情况，也可用手摸液压系统有无泄漏，特别是主油泵配流盘，接头密封处、辅助泵、低压安全阀、旁通阀等是否泄漏。

看：看运行日志、主要液压元件、电气元件、轴承的使用和更换时间、液压系统图、电气系统图、机械传动系统图和油脂化验单；到现场看采煤机运转时液压系统高低压变化情况，过滤系统是否正常。

量：通过仪表测量绝缘电阻、冷却水压力、流量和温度，检查液压系统中高、低压变

化情况，油质污染情况，主液压泵、液压马达的漏损和油温变化；检查伺服机构是否失灵，高、低压安全阀，背压阀开启关闭情况是否正常，各种保护系统是否正常等。

分析：根据以上听、摸、看、量取得的材料进行综合分析，准确地找出故障原因，提出可行的处理方案，尽快排除故障。

二、判断故障的方法

为准确迅速地判断故障，查找到故障点，必须了解故障的现象和发生过程。其判断的方法是先部件、后元件，先外部、后内部，层层解剖。

（1）先划清部位首先判断是电气故障、机械故障还是液压故障，相应于采煤机的部位便是电动机部、截割部、牵引部辅助装置的故障。

（2）从部件到元件确定部件后，再根据故障的现象和前面所述的判断故障的程序查找到具体元件，即故障点。

三、采煤机故障处理的一般步骤和原则

（1）采煤机故障处理的一般步骤：首先了解故障的现象和发生过程；其次分析引起故障的原因；最后做好排除故障的准备工作。

（2）采煤机故障处理的原则。在查找故障原因时，根据现象和经过做出正确的判断是十分重要而复杂的工作，在没有十分把握时，可以按照先简单后复杂、先外部后内部的原则来处理。

四、井下修理采煤机的注意事项

（1）工具、备件、材料必须准备充分。在修理过程中，工具特别是专用工具十分重要。

更换的备件要规格型号相符，最好是用新的备件，若是修复的备件，必须通过鉴定符合要求，否则会使应该排除的故障得不到排除，造成错觉而怀疑其他原因，以致事故范围扩大，拖延事故处理的时间。

在处理事故时，材料也十分重要，它不仅影响处理事故的时间，而且也影响处理事故的质量。在清洗液压元件时，绝不可用棉纱类织物擦洗，以免埋下隐患。

（2）在拆卸过程中要记清相对位置和拆卸顺序，必要时将拆下的零部件做标记，以免在安装过程中接错，拖延处理事故时间。

（3）在排除故障时，必须将机器周围清理干净，并检查机器周围顶板支护情况，在机器上方挂好篷布，防止碎石掉入油池中或冒顶片帮伤人。

（4）处理完毕后，一定要清理现场、清点工具、检查机器中有无杂物，然后盖上盖板，注入新油并进行试运转，试运转合格后，检修人员方可离开现场。

第九节　采煤机液压系统常见故障分析及处理

一、采煤机液压传动的基本特点

（1）在液压传动系统中，压力大小受工作负荷的影响。工作阻力大，液压系统中压

力就大，同时压力损失和泄漏也随之增大。

（2）液压传动系统主要靠管路连接、利用液压油传递动力，因此管路渗漏将严重影响系统的性能。

（3）液压传动系统的工作介质是液压油，工作中油温变化对系统影响较大，油温的变化直接影响渗漏的大小。

（4）液压元件制造精度高、间隙小，多数配合为间隙配合，特别是液压泵和液压马达等主要元件，不仅有良好的密封、动作灵活，而且有些借助油膜以减少金属摩擦。这就要求液压油中不能有水分、空气及其他杂质等，否则将发生元件磨损、卡死等故障。

（5）采煤机液压系统设有多种保护，因此系统的各种保护装置调定值一定要准确可靠，否则影响采煤机的使用性能。

二、采煤机液压系统故障分析

（一）压力变化情况

采煤机液压系统分高压和低压两部分。高压随负载的增加而升高，低压是恒定的，负荷的增加或降低对低压无影响。

1. 低压正常，高压降低

当负荷增加时，高压反而降低，这说明液压系统有漏损，泄漏处在主油路的高压侧，应停机处理。

2. 高压正常，低压下降

说明低压系统或补油系统有泄漏，应检查主油路的低压侧和辅助泵及补油系统。

3. 高压下降，低压上升

说明液压系统中高、低压串通，应检查高压安全阀、旁通阀、梭形阀是否有串液。

（二）油液污染情况

1. 油温升高

液压油混入水后，乳化油的黏度降低，系统泄漏增加，油温迅速上升。

分析：观察牵引部油箱油位是否上升，抽油样观察油是否有沉淀现象。油进水后将分解，上部是油，下部是水，这种情况应立即换油。

2. 牵引部有异常声响

液压油混入空气后可使液压系统产生气穴，油泵将发出异常声响，如不及时处理将损坏油泵。

分析：检查过滤器是否堵塞，吸油管是否漏气，牵引部油箱液面是否太低。这都是造成系统吸空的主要原因，发现后及时处理。

3. 过滤器堵塞，液压系统泄漏

液压油混入其他杂质后，将造成过滤器堵塞，如不经常清洗过滤器、其他杂质将进入液压系统，使有些液压元件研损，从而导致系统泄漏。

分析：为防止这种现象发生，应每班检查和清洗过滤器，定期抽油样进行观察和化验分析。

4. 伺服机构动作迟缓

由于液压油被污染，使液压系统泄漏增加，液压系统压力和流量都降低，因此伺服机构动作迟缓，采煤机牵引力和牵引速度降低，采煤机工作不正常。

三、采煤机液压系统常见故障原因及处理

（一）采煤机时牵引时不牵引的原因及处理方法

1. 原因

这种情况主要是由液压油污染严重、油中其他杂质超限所引起的。由于油脏，补油单向阀或整流阀（梭形阀）的阀座与阀芯之间可能有杂质。当卡住的杂质较小时，采煤机牵引无力；当卡住的杂质较大时，采煤机不牵引；当卡住的杂质被油液冲掉时，采煤机牵引正常；当杂质再度卡在该阀芯与阀座之间时，又出现牵引无力或不牵引现象。

2. 处理方法

最好更换牵引部。如不具备此条件，应清洗或更换补油单向阀或更换主液压泵，然后清洗牵引部油箱。

清洗方法是加入低黏度汽轮机油（透平油）空运转 30 min 左右后把油放掉。再加入少量规定牌号的抗磨液压油空运转 10 min 左右后再放掉。最后按规定牌号和油量注油。

（二）采煤机只能单向牵引的原因及处理方法

1. 原因

（1）伺服变量机构的液控单向阀油路或伺服阀回油路被堵塞或卡死，回油路不通，造成采煤机无法换向。

（2）伺服变量机构由随动阀到液控单向阀或油缸之间的油管有泄漏，造成采煤机不能换向。

（3）伺服变量机构调整不当，主液压泵角度摆不过来（不能超过零位），造成采煤机不能换向。

（4）电位器或电磁阀损坏，如断线或接触不良等，造成采煤机无法换向。

2. 处理方法

（1）检修好液控单向阀或伺服阀，清除堵塞的异物，必要时换油。

（2）紧固所有松动的接头，更换损坏的密封件，更换或修复漏液的油管。

（3）重新调整伺服变量机构，直至主液压泵能灵活地通过零位。

（4）修复或更换损坏的电气元件。

（三）引起液压牵引部产生异常声响的原因及处理方法

1. 原因

（1）主油路系统缺油。

（2）液压系统中混有空气。

（3）主油路系统有外泄漏。

（4）液压泵或马达损坏。

2. 处理方法

（1）查清原因，进行处理。

（2）查清进入空气的原因并消除，再重新排净系统中的空气。

（3）查清泄漏的原因及部位。紧固松动的接头，更换损坏的密封件或其他液压元件，消除泄漏。

（4）更换泵或马达。

（四）补油热交换系统压力低或无压的原因及处理方法

1. 原因

（1）油箱油位太低或油液黏度过高，油质污染，产生吸空。

（2）过滤器堵塞。

（3）背压阀整定值低或因系统油液不清洁，堵住了背压阀的主阀芯或先导孔。

（4）补油系统或主管回路漏损严重。

（5）补油泵安全阀整定值低或损坏。

（6）电机反转。

（7）吸油管密封损坏，管路接头松动，管路漏气。

（8）补油泵花键推平或泵损坏。

2. 处理方法

（1）按规定加注油液，怀疑油液污染时，应及时更换新油。

（2）按规定时间更换或清洗过滤芯。

（3）清洗、调整背压阀或更换损坏的背压阀。

（4）更换漏油的油管和密封件，如果是补油系统的油管漏油时，液压箱上的补油压力表的压力和背压压力就会明显下降，此时，打开液压箱上盖，就会明显看出泄漏处，特别是电机停止或快要停转时更为明显。

（5）对补油泵的安全阀按要求整定，损坏时要更换。

（6）纠正电机的转向。

（7）拧紧松动的接头，更换密封和吸油管。

（8）更换补油泵空心轴，泵损坏时更换新件。

（五）液压牵引部过热的原因及处理方法

1. 原因

（1）冷却水流量不足或无冷却水。

（2）冷却水短路，牵引部得不到冷却。

（3）齿轮磨损超限，接触精度太低。

（4）轴与孔、轴承与外套和座孔配合间隙不当。

（5）油量过多或过少。

（6）用油不当，油的黏度过高或过低或油中含水、杂质过多。

（7）液压系统有外泄漏。

2. 处理方法

（1）清除冷却水系统堵塞物或打开关闭的阀门，确保水路畅通，保证供水质量与冷却效果。

（2）查清部位，进行修复。

（3）更换磨损超限的齿轮并换油，必要时换牵引部。

（4）更换轴、轴承，修理孔座。

（5）调整到规定油量。

（6）更换成规定品种、牌号的新油液。

（7）查清原因进行修复。

（六）牵引速度慢的原因及处理方法

1. 原因

（1）调速机构螺丝松，拉杆调整不正确或者轴向间隙过大，达不到规定值，调速时使主泵摆角小。

（2）制动器未松开，牵引阻力大。

（3）行走机构轴承损坏严重，落道或者滑靴轮丢失。

（4）控制压力偏低。

2. 处理方法

（1）调整拉杆到正确位置，达到动作准确灵敏。

（2）接通制动器压力油源，工作面倾角小于12°时可以不装制动器。

（3）确定行走部位损坏程度，若需更换应及时更换，如果是落道应及时上道，滑靴丢失也应及时安装。

（4）见补油热交换系统故障处理。

（七）斜轴式轴向柱塞变量泵使用不久配油盘损坏的原因及处理方法

1. 原因

（1）液压油严重污染，油中其他杂质超限，配油盘产生磨损，引起配油盘磨损超限或烧坏配油盘。

（2）牵引部液压油中水分超限，引起油液乳化或油液氧化变质、油膜强度下降，在配油盘间出现边界摩擦，导致配油盘很快磨损超限而损坏。

（3）油量严重不足。因油液污染和其他杂质超限，使补油元件或管路堵塞或因补油回路本身的故障，导致主油路流量不足。

（4）用油品种不当，油的黏度过低，配油盘间呈现半干摩擦，导致配油盘很快损坏。

2. 处理方法

（1）修复或更换配油盘，定期检查油质情况，发现油不合格时应及时更换。

（2）查清引起油中有水的原因并排除，然后修复或更换配油盘。

（3）查清油量不足的原因，并处理好，更换污染杂质超限的油液。

（八）附属液压系统无流量或流量不足的原因及处理方法

1. 原因

（1）油箱油位太低，调高泵吸不上油。

（2）吸油过滤器堵塞，导致泵的流量太小。

（3）液压泵损坏或泄漏量过大。

（4）系统有外泄漏，引起流量不足。

2. 处理方法

（1）将油加到规定要求。

（2）清洗或更换过滤器。

（3）修复或更换液压泵。

（4）修复泄漏处。

（九）滚筒不能调高或升降动作缓慢的原因及处理方法

1. 原因

（1）调高泵损坏，泄漏量太大而流量过小。

（2）调高油缸损坏或上、下腔串液。

（3）安全阀损坏或调定值太低。

（4）油管损坏、密封失效、接头松动引起的外泄漏，导致系统供油量不足。

（5）液压锁损坏。

2. 处理方法

（1）修复或更换损坏的泵。

（2）修复或更换调高油缸。

（3）修复或更换安全阀或将调定值调至要求值。

（4）紧固接头，更换损坏油管及密封件。

（5）更换液压锁。

（十）造成滚筒升起后自动下降的原因及处理方法

1. 原因

（1）液压锁损坏。

（2）调高油缸串液。

（3）安全阀损坏。

（4）管路泄漏。

2. 处理方法

（1）修复或更换液压锁。

（2）更换调高油缸。

（3）更换安全阀。

（4）紧固接头，更换损坏的密封件和其他元件。

（十一）引起挡煤板翻转动作失灵的原因及处理方法

1. 原因

（1）附属液压系统的液压泵损坏，泵无流量或流量不足。

（2）油液污染，液压泵吸油过滤器堵塞，泵的流量太小。

（3）液压泵安全阀压力调定值太低或安全阀损坏。

（4）液压缸保护安全阀动作值太低或安全阀损坏。

（5）挡煤板翻转液压缸（或液压马达）漏油或串液。

（6）换向阀损坏或卡死。

（7）液压系统有外泄漏。

2. 处理方法

（1）修复或更换液压泵。

（2）清洗或更换滤油器，必要时更换油液。

（3）重新将安全阀调到额定压力值或更换安全阀。

（4）重新调到额定动作值或更换安全阀。

（5）更换或修复损坏的液压缸。

（6）修复或更换损坏的阀。

（7）拧紧松动的接头，更换损坏的密封、油管、接头等元件，消除泄漏故障点。

（十二）造成采煤机灭尘效果差的原因及处理方法

1. 原因

（1）喷雾泵的压力、流量满足不了要求。

（2）供水管路有外泄漏，引起压力、流量不足。

（3）供水管路截止阀关闭或未全部打开，流量太小。

（4）过滤器堵塞。

（5）供水质量差，引起喷嘴堵塞。

（6）喷嘴丢失未能及时补充，水呈柱状喷出。

（7）安全阀损坏或调定值低，造成供水压力不够。

2. 处理方法

（1）调整喷雾泵的压力、流量。

（2）修复供水管路。

（3）打开供水截止阀。

（4）清洗过滤器。

（5）改善供水质量。

（6）及时补上丢失的喷嘴。

（7）更换安全阀、调整压力值。

第十节　采煤机电气部分常见故障分析及处理

一、采煤机不启动的原因

（1）左右急停按钮是否解锁，控制线有无断线，整流二极管是否烧毁。

（2）磁力启动器是否有电，是否在远控位置。把远控开关打近控，如果还不启动，说明开关有故障，应检查开关。

（3）控制回路是否畅通，包括电缆、按钮、连线等。

（4）隔离开关接触是否良好，有无损坏。

（5）启动按钮是否损坏。

（6）电动机电源是否缺相。

（7）带负荷情况下启动。

（8）带自保回路的未供水启动电动机，采煤机不能启动。

二、采煤机启动后不能自保的原因

（1）启动时，手柄扳在"启动"位置时间过短。

（2）自保继电器接点接触不良或烧毁。

（3）控制变压器一、二次熔断器熔断，线路接触不良或断路。

（4）控制变压器烧毁。

三、采煤机不能牵引的原因

（1）功控超载电磁铁接反或损坏，保护插件损坏或插件执行继电器损坏。

（2）松闸电磁铁在牵引手把过"0"后不松闸。

四、运行中用急停按钮停机后，解锁时自启动的原因

（1）启动手把没有恢复到零位。

（2）启动按钮接点黏连。

（3）自保继电器接点黏连。

五、输送机不启动的原因

（1）采煤机上"运行"按钮没有解锁。

（2）控制回路短路或断路。

（3）磁力启动器处于不开启状态。

第十一节　预防和减少采煤机故障的措施

为了减少采煤机的故障，提高采煤机开机率和使用率，保障安全生产，必须做到以下几点要求。

1. 提高工人素质

提高工人素质是使用好综采设备的关键，因此采煤机司机和维护工一定要经过培训并取得合格证后方可上岗工作，对于新机型更是如此。在正常生产当中，每年都要进行不少于24课时的脱产或半脱产培训，以提高工人素质，适应现代化煤矿发展的需要。

2. 坚持"四检"制度，严格执行强制检修

为了使采煤机始终处于良好状态，必须严格执行"四检"制度，即班检、日检、周检、月检，加强采煤机的维护检修，发现问题及时处理，消除各种隐患。

3. 严格执行操作规程、作业规程

采煤机司机要根据工作面煤质、顶板、底板等地质条件选择合理的牵引速度，不能超载运行，严格执行开、停机顺序，不许带负荷启动及频繁启动，更不能强行切割及采煤机"带病"工作。

4. 严格执行验收标准

采煤机大修后严格按检修质量标准验收，并附有出厂验收报告和防爆合格证、试验报告单等。

5. 加强油质管理，防止油液污染

采煤机的用油要有专人管理，要严格执行原煤炭工业部颁发的《综采设备油脂管理细则》。

6. 定期检查电机绝缘

电机故障绝大多数是由于电机进水、润滑不良造成的，所以要经常检查电机的绝缘电阻，一般新换电机每天检查一次，连续检查三天，正常后每周检查2~3次。如果发现绝

缘损坏或绝缘阻值下降，应仔细检查电机冷却系统是否有进水现象及电机内部线圈损坏，并及时处理。

 复习思考题

1. 处理采煤机常见故障的一般步骤与原则什么？
2. 试述采煤机只能单项牵引的原因及处理方法？
3. 试述造成采煤机牵引链断链的原因？

第十一章　自救器及互救、创伤急救训练

第一节　自救器的训练

一、操作步骤

图 11-1　步骤一

压缩氧自救器佩戴使用方法如图 11-1 ~ 图 11-7 所示。

图 11-1：携带自救器，应斜拎在肩膀上。

图 11-2：使用时，先打开外壳封口带和扳手。

图 11-3：按图方向，先打开上盖，然后，左手抓住自救器下部，右手用力向上提起上盖，自救器开关即自动打开，最后将主机从下壳中取出。

图 11-4：摘下矿工帽，拎上背带。

图 11-5：拔出口具塞，将口具放入口内，牙齿咬住牙垫。

图 11-6：用鼻夹夹住鼻孔，开始用口呼吸。

图 11-7：在呼吸的同时按动手动补给按钮 1 ~ 2 s，快要充满氧气袋时，立即停止（使用过程中如发现氧气袋空瘪，供气不足时也要按上述方法重新按动手动补给按钮）。

图 11-2　步骤二

图 11-3　步骤三

图 11-4　步骤四

图 11-5　步骤五

图 11-6　步骤六

图 11-7　步骤七

最后，佩戴完毕，可以撤离灾区逃生。

二、注意事项

（1）凡装备压缩氧自救器的矿井，使用人员都必须经过训练，每年不得少于 1 次。使佩戴者掌握和适应该类自救器的性能和特点，脱险时，表现得情绪镇静，呼吸自由，行动敏捷。

（2）压缩氧自救器在井下设置的存放点，应以事故发生时井下人员能以最短的时间取到为原则。

（3）携带过程中不要无故开启自救器扳手，防止事故时无氧供给。

（4）自救器装有 20 MPa 的高压氧气瓶，携带过程中要防止撞击、磕碰或当坐垫使用。

（5）佩戴使用时要随时观察压力指示计，以掌握氧气消耗情况。

（6）佩戴使用时要保持沉着，呼吸均匀。同时，在使用中吸入气体的温度略有上升是正常的，不必紧张。

（7）使用中应特别注意防止利器刺破和刮破氧气袋。

（8）该自救器不能代替工作型呼吸器使用。

第二节　人工呼吸操作训练

（1）病人取仰卧位，即胸腹朝天。

（2）清理患者呼吸道，保持呼吸道清洁。

（3）使患者头部尽量后仰，以保持呼吸道畅通。

（4）救护人员对着伤员人工呼吸时，吸气、呼气要按要求进行。

第三节　心脏复苏操作训练

（1）叩击心前区，左手掌覆于病员心前区，右手握拳捶击左手背数次。

（2）胸外心脏挤压，病员仰卧硬板床或地上，头部略低，足部略高，以左手掌置于病员胸骨下半段，以右手掌压于左手掌背面。

第四节　创伤急救操作训练

一、止血操作训练

（1）用比较干净的毛巾、手帕、撕下的工作服布块等，即能顺手取得的东西进行加压包扎止血。

（2）亦可用手压近伤口止血，即用手指把伤口以上的动脉压在下面的骨头上，以达到止血的目的。

（3）利用关节的极度屈曲，压迫血管达到止血的目的。

（4）四肢较大动脉血管破裂出血，需迅速进行止血。可用止血带、胶皮管等止血。

二、骨折固定操作训练

（1）上臂骨折固定时，若无夹板固定，可用三角巾先将伤肢固定于胸廓，然后用三角巾将伤肢悬吊于胸前。

（2）前臂骨折固定时，若无夹板固定，则先用三角巾将伤肢悬吊于胸前，然后用三角巾将伤肢固定于胸廓。

（3）健肢固定法时，用绷带或三角巾将双下肢绑在一起，在膝关节、踝关节及两腿之间的空隙处加棉垫。

（4）躯干固定法时，用长夹板从脚跟至腋下，短夹板从脚跟至大腿根部，分别置于患腿的外、内侧，用绷带或三角巾捆绑固定。

（5）小腿骨折固定时，亦可用三角巾将患肢固定于健肢。

（6）脊柱骨折固定时，将伤员仰卧于木板上，用绷带将脖、胸、腹、髂及脚踝部等固定于木板上。

三、包扎操作训练

（1）无专业包扎材料时，可用毛巾、手绢、布单、衣物等替代。

（2）迅速暴露伤口并检查，采用急救措施。

（3）要清除伤口周围油污，用碘酒、酒精消毒皮肤等。

（4）包扎材料没有时应尽量用相对干净的材料覆盖，如清洁毛巾、衣服、布类等。

（5）包扎不能过紧过松。

（6）包扎打结或用别针固定的位置，应在肢体外侧面或前面。

四、伤员搬运操作训练

（1）呼吸、心跳骤然停止及休克昏迷的伤员应及时心脏复苏后搬运。

（2）对昏迷或有窒息症状的伤员，要把肩部稍垫高，头后仰，面部偏向一侧或侧卧，注意确保呼吸道畅通。

（3）一般伤者均应在止血、固定包扎等初级救护后再搬运。

（4）对脊柱损伤的伤员，要严禁让其坐起、站立或行走。也不能用一人抬头，一人抱腿，或人背的方法搬运。

考 试 题 库

第一部分　法律法规知识

一、单选题

1. 《劳动法》规定，国家对女职工和（　　）实行特殊劳动保护。

A. 童工　　　　　　　B. 未成年工　　　　　　C. 青少年

2. 《劳动合同法》规定，劳动合同期限 3 个月以上不满一年的，试用期不得超过（　　）。

A. 1 个月　　　　　　B. 3 个月　　　　　　　C. 6 个月

3. 坚持"管理、（　　）、培训并重"是我国煤炭安全生产工作的基本条件。

A. 装备　　　　　　　B. 技术　　　　　　　　C. 检查

4. 煤炭安全生产是指在煤炭生产活动过程中（　　）不受到危害，物（财产）不受到损失。

A. 人的生命　　　　　B. 人的生命和健康　　　C. 人的健康

5. 下面不属于矿井"一通三防"管理制度的是（　　）。

A. 瓦斯检查制度　　　B. 机电管理制度　　　　C. 防尘管理制度

6. 对于发现的事故预兆和险情，不采取事故防止措施，又不及时报告，应追究（　　）的责任。

A. 当事人　　　　　　B. 领导　　　　　　　　C. 队长

7. 煤矿职工因行使安全生产权利而影响工作时，有关单位不得扣发其工资和给予处分，由此造成的停工、停产损失，应由（　　）负责。

A. 该职工　　　　　　B. 企业法人　　　　　　C. 责任者　　　　　D. 班长

8. 新招入矿山的井下作业人员，接受安全教育培训的时间不得少于（　　）学时。

A. 72　　　　　　　　B. 36　　　　　　　　　C. 24

9. 从业人员（　　）违章指挥、强令冒险作业。

A. 不得拒绝　　　　　B. 有条件服从　　　　　C. 有权拒绝

10. 矿山企业必须建立安全生产责任制，（　　）对本企业的安全生产工作负责。

A. 矿长　　　　　　　B. 各种职能机构负责人

C. 各工种、岗位工人　D. 特种作业人员

11. 离开特种作业岗位（　　）以上的特种作业人员，应当重新进行实际操作考试，经确认合格后方可上岗作业。

A. 1 年　　　　　　　B. 10 个月　　　　　　C. 6 个月　　　　　　D. 2 年

12. 煤矿企业必须建立健全各级领导安全生产责任制，（　　）安全生产责任制，岗位人员安全生产责任制。

A. 党团机构　　　　　B. 职能机构　　　　　C. 监管机构

13. 煤矿企业应对从业人员进行上岗前、在岗期间的职业危害防治知识培训,上岗前培训时间不少于( )学时,在岗期间培训时间每年不少于 2 学时。

A. 2　　　　　　　　B. 4　　　　　　　　C. 6　　　　　　　　D. 8

14. 煤矿应当建立健全领导( )下井制度,并严格考核。

A. 不定期　　　　　　B. 带班　　　　　　C. 定期

15. 煤矿作业场所人员每天连续接触噪声时间达到或者超过 8 h 的,噪声级限为( )

A. 55 dB(A)　　　　　　　　　　　B. 65 dB(A)

C. 85 dB(A)　　　　　　　　　　　D. 115 dB(A)

16. 煤与瓦斯突发矿井应建设采区避难硐室。突出煤层的掘进巷道长度及采煤工作面推进长度超过 500 m 时,应在距离工作面( )方位内,建设临时避难硐室或设置可移动式救生舱。

A. 50 m　　　　　　B. 100 m　　　　　　C. 300 m　　　　　　D. 500 m

17. 任何单位和个人有权举报煤矿重大安全生产隐患和行为,经调查属实的,应给予最先举报人 1000 元至( )的奖励。

A. 1 万元　　　　　　B. 2 万元　　　　　　C. 3 万元

18. 生产经营单位( )与从业人员订立协议,免除或者减轻其对从业人员因生产安全事故伤亡依法应承担的责任。

A. 可以　　　　B. 不得以任何形式　　　　C. 可以按约定条件

19. 生产经营单位应当向从业人员如实告知作业场所和工作岗位存在的( )、防范措施以及事故应急措施。

A. 危险因素　　　　B. 人员状况　　　　C. 设备状况　　　　D. 环境状况

20. 特种作业人员必须经专门的安全技术培训并考核合格,取得( )后,方可上岗作业。

A.《特种作业资格证》　　　　　　　B.《特种作业合格证》

C.《特种作业上岗证》　　　　　　　D.《特种作业操作证》

21. 未经( )合格的从业人员,不得上岗作业。

A. 基础知识教育　　　　　　　　　B. 安全生产教育和培训

C. 技术培训　　　　　　　　　　　D. 法律法规教育

22. 我国煤矿安全生产的方针是"安全第一,( ),综合治理"。

A. 质量为本　　　　　　　　　　　B. 预防为主

C. 安全为了生产　　　　　　　　　D. 生产为了安全

23. 用人单位应当保证劳动者每周至少休息( )日。

A. 0.5　　　　　　　B. 1　　　　　　　C. 1.5　　　　　　　D. 2

24. 在煤矿生产中,当生产与安全发生矛盾时必须坚持( )。

A. 安全第一　　　　　B. 生产第一　　　　　C. 完成任务第一

25. 职工因工死亡,一次性工亡补助金标准为上一年度全国城镇居民人均可支配收入的( )倍。

A. 5　　　　　　　　B. 10　　　　　　　C. 15　　　　　　　D. 20

26.《刑法》规定，企业管理人员强令他人违章冒险作业，因而发生重大伤亡事故或者造成严重后果的行为，构成了（　　）。

A. 玩忽职守罪
B. 重大责任事故
C. 危害公共安全罪
D. 渎职罪

二、多选题

1.《煤矿安全规程》规定，凡井下盲巷或通风不良的地区，都必须及时封闭或（　　），严禁人员入内。

A. 设置栅栏　　　　B. 悬挂"禁止入内"警标　　C. 派人站岗

2. 从业人员发现事故隐患或者其他不安全因素，应当立即向（　　）报告；接到报告的人员应当及时予以处理。

A. 煤矿安全监察机构
B. 地方政府
C. 现场安全生产管理人员
D. 本单位负责人

3. 生产经营单位的从业人员在作业过程中，应当（　　）。

A. 严格遵守本单位的安全生产规章制度
B. 严格遵守本单位的安全生产操作规程
C. 服从管理
D. 正确佩戴和使用劳动防护用品

4. 生产经营单位应对从业人员进行安全生产教育和培训，保证从业人员（　　）。未经安全生产教育和培训合格的从业人员，不得上岗作业。

A. 具备必要的安全生产知识
B. 具备必要的企业管理知识
C. 熟悉有关的安全生产规章和安全操作规程
D. 掌握本岗位的安全操作技能

5. 在处理冒顶事故中，必须（　　）清理出抢救人员的通道。必要时可以向遇险人员处开掘专用小巷道。

A. 由外向里　　　　B. 由里向外　　　　C. 加强支护

6. 瓦斯超限作业，是指有下列情形之一：（　　）。

A. 瓦斯检查员配备数量不足的
B. 不按规定检查瓦斯，存在漏检、假检的
C. 井下瓦斯超限后不采取措施继续作业的
D. 没有预抽瓦斯

7.《煤矿安全规程》是煤矿安全法律法规体系中一部重要的安全技术规章，以下特点中正确的是（　　）。

A. 强制性　　　　B. 科学性　　　　C. 规范性　　　　D. 灵活性

8. 紧急避险设施应具备（　　）等基本功能，在无任何外界支持的情况下，额定防护时间不低于 96 h。

A. 安全防护　　　B. 氧气供给保障　　　C. 有害气体去除
D. 环境监测　　　E. 通讯、照明　　　F. 人员生存保障

9. 符合从业条件并经考试合格的特种作业人员,应当向其所在地的考核发证机关申请办理特种操作证,并提交( )等材料。

A. 身份证复印件　　　B. 学历证书复印件　　　C. 体检证明

D. 考试合格证明　　　E. 户籍证明

10. 矿山企业职工必须遵守有关矿山安全的( )。

A. 法律　　　　　B. 法规　　　　　C. 企业规章制度　　　　D. 标准

11. 煤矿井下安全避险"六大系统"是指( )。

A. 监测监控系统　　　B. 井下人员定位系统　　　C. 紧急避险系统

D. 压风自救系统　　　E. 供水施救系统　　　F. 通信联络系统

G. 运输系统

12. 生产经营单位的从业人员在安全生产方面的权利有( )。

A. 了解其作业场所和工作岗位存在的危险因素、防范措施及事故应急措施

B. 对本单位的安全生产工作提出建议

C. 对本单位安全生产工作中存在的问题提出批评、检举、控告

D. 拒绝违章指挥和强烈冒险作业

E. 发现直接危及人身安全的紧急情况时,停止作业或者在采取可能的应急措施后撤离作业现场

13. 生产经营单位要加强对生产现场的监督检查,严格查处( )的"三违"行为。

A. 违章指挥　　　　　　　　　　　B. 违反交通规则

C. 违反劳动纪律　　　　　　　　　D. 违章作业

14.《安全生产法》规定,生产经营单位与从业人员订立的劳动合同,应当载明有关保障从业人员( )的事项。

A. 工伤社会保险　　　　　　　　　B. 劳动安全

C. 住房公积金　　　　　　　　　　D. 防止职业危害

15.《劳动法》规定,不得安排未成年人从事( )的劳动。

A. 矿山井下

B. 有毒有害

C. 国家规定的第四级体力劳动强度

D. 其他禁忌从事

16. 煤矿企业应当免费为每位职工发放煤矿职工安全手册,煤矿职工安全手册应当载明( )

A. 职工的权利、义务

B. 煤矿重大安全生产隐患的情形

C. 煤矿事故应急保护措施、方法

D. 安全生产隐患和违法行为的举报电话、受理部门

三、判断题

1. 安全生产责任制是一项最基本的安全生产制度,是其他各项安全规章制度得以切实实施的基本保证。　　　　　　　　　　　　　　　　　　　　　　　( )

2. 井下使用的润滑油、棉纱、布头和纸等，有过后可作为垃圾任意处理。（　　）

3. 应对尘毒防治设施的运动情况和尘毒浓度进行定期检测，并向职工公布检测结果。（　　）

4. 举报已被责令关闭、停产整顿、停止作业，而擅自进行生产的煤矿，进行核查属实，给予举报人奖励。（　　）

5. 矿山企业职工无权获得作业场所安全和职业危害方面的信息。（　　）

6. 煤矿工人不仅有安全生产监督权、不安全状况停止作业权、接受安全教育培训权，而且还享有安全生产知情权。（　　）

7. 煤矿企业必须按规定组织实施对全体从业人员的安全教育和培训，及时选送主要负责人、安全生产管理人员到具体相应资质的煤矿安全培训机构参加培训。（　　）

8. 严格执行敲帮问顶制度，开工前班组长必须对工作面安全情况进行全面检查，确认无安全隐患后，方准人员进入工作面。（　　）

9. 在发生安全事故后，从业人员有获得及时抢救和医疗救治并获得工伤保险赔偿的权利。（　　）

10. 煤矿特种工作人员具有丰富的现场工作经验，就可以不参加培训。（　　）

11. 二氧化碳是比空气密度高的气体，常积存于巷道的底板、下山等低矮的地方。（　　）

12. 煤矿企业要保证"安全第一、预防为主、综合治理"方针的落实，必须严格执行《煤矿安全规程》等相关规定。（　　）

13. 煤矿安全监察机构依法行使职权，不受任何组织和个人的非法干涉。（　　）

14. 煤矿没有领导带班下井的，煤矿从业人员有权拒绝下井作业。（　　）

15. 生产经营单位的从业人员不服从管理，违反安全生产规章制度或者操作规程的，由生产经营单位给予批评教育，依照有关规章制度给予处分。（　　）

16. 生产经营单位可以不把作业场所和工作岗位存在的危险因素如实告之从业人员，以免产生负面影响，不利于生产。（　　）

17. 煤矿从业人员在作业过程中，应当严格遵守本单位的安全生产规章制度和操作规程，服从管理，正确佩戴和使用劳动防护用品。（　　）

18. 建设项目的安全设施必须与主体工程同时设计、同时施工、同时投入生产和使用。（　　）

19. 矿山职工有享有劳动保护的权利，不一定有享有工伤社会保险的权利。（　　）

20. 劳动合同是劳动者与用人单位确立劳动关系、明确双方权利和义务的协议。（　　）

21. 煤矿领导带班下井履行作业场所区队长、班组长的现场指挥职责。（　　）

22. 煤矿企业应建设完善井下人员定位系统，所有入井人员必须携带识别卡或具备定位功能的无线通信设备。（　　）

23. 煤矿企业应向从业人员发放保障安全生产所需的劳动防护用品。（　　）

24. 煤矿企业应为接触职业危害的从业人员提供符合要求的个体防护用品，并指导和督促其正确使用。（　　）

25. 煤矿企业应对从业人员进行上岗前、在岗期间和离岗时要进行职业健康检查和医学随访，并将检查结果如实告知从业人员。（　　）

26. 煤矿使用的涉及安全生产的产品，必须取得煤矿矿用产品安全标志。未取得煤矿矿用产品安全标志的，指定安全措施后方可使用。（ ）

27. 煤矿使用的涉及安全生产的劳动保护用品，必须符合国家标准或者行业标准，必须取得煤矿矿用产品安全标志。（ ）

28. 煤矿作业场所呼吸性粉尘浓度，超过接触浓度管理限制 10 倍以上 20 倍以下且未采取有效治理措施的，比照一般事故进行调差处理。（ ）

29. 煤炭生产活动存在一定的危险因素，企业可与从业人员订立"生死合同"，但必须将危险因素如实告知从业人员，经双方签字后生效；否则，将视为无效合同。（ ）

30. 任何单位和个人对煤矿安全监察机构及其煤矿安全监察人员的违法违纪行为，有权向上级煤矿安全监察机构或者有关机关检举和控告。（ ）

31. 生产经营单位不能为从业人员提供劳动保护用品时，可采用货币或其他物品替代。（ ）

32. 特种作业人员应当经社区或者县级以上医疗机构体验健康合格，并无妨碍从事相应特种作业的器质性疾病和生理缺陷。（ ）

33. 在冬季，经领导批准，井下个别硐室可采用灯泡取暖，但不准用电炉取暖。（ ）

34. 在生产作业中违反有关安全管理规定，因而发生重大伤亡事故或者造成其他严重后果的，处 3 年以上 7 年以下有期徒刑。（ ）

35. 生产经营单位应当在有较大危险因素的生产场所和有关设施、设备上，设置安全警示标志，提醒从业人员注意危险，防止发生事故。（ ）

第二部分 安全基本知识

一、单选题

1. 井下从业人员要确保自己不"三违"，发现别人有"三违"现象则（ ）。
A. 可以不问 B. 不许指出 C. 必须指出并令其纠正

2. 背斜构造的轴心上部通常比相同深度的两翼瓦斯含量（ ），特别是当背斜上部的岩层透气性差或含水充分时，往往聚集高压的瓦斯，形成"气顶"。
A. 相同 B. 低 C. 高

3. 封闭型断层，由于两盘式分离运动的，其本身的透气性差，割断了煤层与地表的联系，从而使煤层瓦斯含量较高，瓦斯压力增加，则其瓦斯涌出量（ ）。
A. 增大 B. 减少 C. 不变

4. 开放型断层两盘是分离运动的，断层为煤层瓦斯排放提供了通道。在这类断层附近，通常煤层的瓦斯含量减少，其涌出量则（ ）。
A. 增大 B. 减少 C. 不变

5. 凡长度超过（ ）而又不通风或通风不良的独头巷道，统称为盲巷。
A. 6 m B. 10 m C. 15 m

6. 在井下建有风门的巷道中，风门不得少于（ ）道，且必须能自动关闭，严禁同时敞开。
A. 1 B. 2 C. 3 D. 4

7. 硫化氢气体的气味为（　　）。

A. 臭鸡蛋味　　　　　　B. 酸味　　　　　　　C. 香味

8. 掘进工作面的局部通风机实行"三专供电"，是指专用线路、专用开关和（　　）。

A. 专用变压器　　　　B. 专用电源　　　　　C. 专用电动机

9. 矿井必须安装 2 套同等能力的主要通风机装置，其中 1 套做备用，备用通风机必须能在（　　）内开动。

A. 5 min　　　　　B. 10 min　　　　　C. 15 min　　　　　D. 20 min

10. 采煤工作面回风巷风流中，瓦斯浓度警报值为（　　）。

A. 1.00%　　　　B. 0.50%　　　　　C. 1.50%　　　　　D. 2.00%

11. 当巷道中出现异常气味，如煤油味、松香味和煤焦油味，表明风流上方（　　）隐患。

A. 瓦斯突出　　　　　B. 顶板垮落　　　　　C. 煤炭自燃

12. 发出的矿灯，应能最低连续正常使用（　　）。

A. 8 h　　　　　B. 10 h　　　　　C. 11 h　　　　　D. 12 h

13. 空气、一氧化碳混合气体中的一氧化碳浓度达到（　　）时，具有爆炸性。

A. 12.5% ~75%　　　　　　　　　　B. 13% ~65%

C. 20% ~50%　　　　　　　　　　　D. 30% ~50%

14. 矿井主要通风机停止运转时，因通风机停风受到影响的地点必须（　　），工作人员先撤到进风巷道中。

A. 停止作业，停止机电设备运转

B. 停止作业，维持机电设备运转

C. 立即停止作业，切断电源

15. （　　）使用矿灯人员拆开、敲打、撞击矿灯。

A. 严禁　　　　　　B. 允许　　　　　　C. 矿灯有故障时才允许

16. 煤矿井下供电的"三大保护"通常是指过流、漏电、（　　）。

A. 保护接地　　　B. 过电压　　　　　C. 失电压　　　　　D. 过载

17. 煤矿井下临时停工的作业地点（　　）停风。

A. 可以　　　　　B. 不得　　　　　C. 可以根据瓦斯浓度大小确定是否

18. 煤雨瓦斯突发灾害多发生在（　　）。

A. 采煤工作面　　　B. 岩巷掘进工作面　　　C. 石门揭煤掘进工作面

19. 灭火时，灭火人员应站在（　　）。

A. 火源的上风侧　　　B. 火源的下风侧　　　C. 对灭火有利的位置

20. 专用排放瓦斯巷回风流的瓦斯浓度不得超过（　　），当达到该值应发出报警信号。

A. 2.5%　　　　　B. 1.5%　　　　　C. 1%

21. 掘进工作面的局部通风机因故障停止运转后，在恢复通风前，必须首先检查（　　）。

A. 瓦斯浓度　　　　　　　　　　　B. 通风设备状态

C. 电源状态　　　　　　　　　　　D. 二氧化碳浓度

22. 掘进工作面采用的压入式局部通风机和启动装置，必须安装在进风巷道中，距掘进巷道回风口不得小于（　　）。

    A. 5 m　　　　　　　B. 10 m　　　　　　　C. 20 m　　　　　　　D. 30 m

23. 一般情况下，煤尘的（　　）越高，越容易爆炸。

    A. 灰分　　　　　　　B. 挥发分　　　　　　　C. 发热量

24. 在爆破地点附近20 m以内风流中瓦斯浓度达到（　　）时，严禁爆破。

    A. 0.5%　　　　　　　B. 0.75%　　　　　　　C. 1.0%　　　　　　　D. 1.5%

25. 采掘工作面的进风流中，二氧化碳浓度不得超过（　　）。

    A. 0.5%　　　　　　　B. 0.75%　　　　　　　C. 1.0%　　　　　　　D. 1.5%

26. 在采区回风巷、采掘工作面回风巷风流中瓦斯浓度超过（　　）或二氧化碳浓度超过1.5%时，必须停止工作，撤出人员，采取措施，进行处理。

    A. 0.5%　　　　　　　B. 0.75%　　　　　　　C. 1.0%　　　　　　　D. 1.5%

27. 对因瓦斯浓度超过规定被切断电源的电气设备，必须在瓦斯浓度降到（　　）以下时，方可通过点开动。

    A. 0.5%　　　　　　　B. 1.0%　　　　　　　C. 1.5%　　　　　　　D. 2.0%

28. 关于矿灯的使用，正确的是（　　）。

    A. 井下有照明地点，可以两个人合用一盏矿灯

    B. 充电房领到的矿灯，不必再进行检查

    C. 矿灯的灯锁失效、玻璃罩有破裂，但亮度达到要求时就可以使用

    D. 领到矿灯后，一定要进行认真检查，确认完好后，方可带入井下

29. 井口房和通风机房附近（　　）内，不得有烟火或用火炉取暖。

    A. 10 m　　　　　　　B. 20 m　　　　　　　C. 30 m　　　　　　　D. 50 m

30. 任何人发现井下火灾时，应视火灾性质、灾区通风和瓦斯情况，（　　）。

    A. 立即用湿毛巾捂住口鼻逆风流方向逃生

    B. 立即佩戴自救器，逃生

    C. 立即采取一切可能的方法直接灭火，控制火势，并迅速报告矿调度室

    D. 继续工作，静观其变

31. 井下使用的汽油、煤油和变压器油必须装入（　　）内。

    A. 盖严的塑料桶　　　　　　　　　　B. 盖严的玻璃瓶

    C. 盖严的铁桶　　　　　　　　　　　D. 敞口的铁桶

32. 空气中的氧气浓度低于（　　）时，瓦斯与空气混合气体失去爆炸性。

    A. 20%　　　　　　　B. 16%　　　　　　　C. 12%　　　　　　　D. 14%

33. 矿井空气中一氧化碳的最高允许浓度为（　　）。

    A. 0.0024%　　　　　B. 0.00025%　　　　　C. 0.0005%　　　　　D. 0.00066%

34. 矿井需要的风量，按井下同时工作的最多人数计算，每人每分钟供给风量不得少于（　　）。

    A. 1 m²　　　　　　　B. 2 m²　　　　　　　C. 3 m²　　　　　　　D. 4 m²

35. 煤层顶板按照其与煤层的距离自近至远可分为（　　）。

    A. 伪顶、直接顶、基本顶

B. 基本顶、直接顶、伪顶

C. 直接顶、伪顶、基本顶

36. 煤矿企业必须建立入井检身制度和（　　）人员清点制度。

A. 出入井　　　　　　　B. 出井　　　　　　　C. 入井　　　　　　　D. 井内

37. 每个生产矿井必须至少有（　　）个能行人的通达地面的安全出口，各个出口间的距离不小于 30 m。

A. 1　　　　　　　　　B. 2　　　　　　　　　C. 3　　　　　　　　　D. 4

38. 人力推车时，同向推车的距离，在轨道坡度小于等于 5% 时，不得小于 10 m；坡度大于 5% 时，不得小于（　　）。

A. 30 m　　　　　　　B. 5 m　　　　　　　C. 20 m　　　　　　　D. 50 m

39. 如果必须在井下主要硐室、主要通风井巷和井口房内进行电焊、气焊和喷灯焊接等工作，作业完毕后，工作地点应再次用水喷洒，并应有专人在工作地点检查（　　），发现异常，立即处理。

A. 0. 5 h　　　　　　　B. 1 h　　　　　　　C. 2 h　　　　　　　D. 3 h

40. 入井人员严禁穿（　　）衣服。

A. 棉布　　　　　　　B. 化纤　　　　　　　C. 白色　　　　　　　D. 花色

41. 上下井乘罐的说法中，正确的是（　　）。

A. 上下井乘罐时可以尽量多地搭乘人员

B. 可以乘坐装设备、物料较少的罐笼

C. 不准乘坐无安全盖的罐笼和装有设备材料的罐笼

D. 矿长和检查人员可以与携带火药、雷管的爆破工同罐上下

42. 生产矿井采掘工作面的空气温度超过 30 ℃、机电设备硐室的空气温度超过 34 ℃时，必须（　　）。

A. 停止作业　　　　　　　　　　　　B. 缩短工作人员的工作时间

C. 给予高温保健待遇　　　　　　　　D. 限时作业

43. 使用局部通风机通风的掘进工作面，不得停风；因检修、停电、故障等原因停风时，必须将人员全部撤至（　　），并切断电源。

A. 全风压进风流处　　　　　　　　　B. 全风压回风流处

C. 附近避难硐室　　　　　　　　　　D. 移动式救生舱

44. 突出矿井的管理人员和井下工作人员必须接受（　　）知识的培训，经考试合格后方准上岗作业。

A. 生产　　　　　　　B. 防火　　　　　　　C. 防治水　　　　　　　D. 防突

45. 瓦斯的引火温度一般认为是（　　）

A. 650 ~ 750 ℃　　　　　B. 750 ~ 850 ℃　　　　　C. 600 ~ 700 ℃

46. 一般情况下，导致生产事故发生的各种因素中，（　　）占主要地位。

A. 人的因素　　　　　　　　　　　　B. 物的因素

C. 环境的因素　　　　　　　　　　　D. 不可知的因素

47. 在爆炸性煤尘与空气的混合物中，氧气浓度低于（　　）时，煤尘不会爆炸。

A. 10%　　　　　　　B. 12%　　　　　　　C. 15%　　　　　　　D. 18%

48. 在正常工作中，通风机应实现"三专、两闭锁"。"两闭锁"是指（　　）。

A. 风机和刮板输送机闭锁、瓦斯电闭锁

B. 风电闭锁、瓦斯电闭锁

C. 风电闭锁、瓦斯和电闭锁

49. 采掘工作面的进风流中，氧气浓度不得低于（　　）。

A. 12%　　　　　　B. 16%　　　　　　C. 18%　　　　　　D. 20%

50. 采煤工作面及其他巷道内，体积大于 0.5 m³ 的空间内聚集的瓦斯浓度达到（　　）时，附近 20 m 内必须停止工作，撤出人员，切断电源，进行处理。

A. 0.5%　　　　　B. 1.0%　　　　　C. 1.5%　　　　　D. 2.0%

51. 采煤工作面及其他作业地点风流中、电动机或其开关安置地点附近 20 m 以内风流中，瓦斯浓度达到（　　）时，必须停止工作，切断电源，撤出人员，进行处理。

A. 0.5%　　　　　B. 0.75%　　　　　C. 1.0%　　　　　D. 1.5%

52. 采煤工作面及其他作业地点风流中，瓦斯浓度达到（　　）时，必须停止用电钻打眼。

A. 0.5%　　　　　B. 0.75%　　　　　C. 1.0%　　　　　D. 1.5%

53. 在标准大气压下，瓦斯与空气混合气体发生瓦斯爆炸的浓度范围为（　　）。

A. 1% ~10%　　　B. 5% ~16%　　　C. 3% ~10%　　　D. 10% ~18%

54. 在不允许风流通过，但需要行人、通车的巷道内，按规定应设置（　　）。

A. 防爆门　　　　B. 风桥　　　　　C. 风硐　　　　　D. 风门

55. 采掘工作面空气温度不得超过（　　），当空气温度超过时，必须缩短超温地点工作人员的工作时间，并给予高温保健待遇。

A. 34 ℃　　　　　B. 30 ℃　　　　　C. 26 ℃　　　　　D. 40 ℃

56. 安装甲烷传感器时，必须垂直悬挂，距（　　）不得大于 300 mm。

A. 支架　　　　　B. 两帮　　　　　C. 顶板　　　　　D. 底板

57. 空气中氧含量降低时，对人体健康影响很大。如果空气中的氧气降低到（　　）以下，会使人失去理智，时间稍长即有生命危险。

A. 8%　　　　　　B. 17%　　　　　　C. 12%　　　　　　D. 15%

58. 当发现有人触电时，首先要（　　）电源或用绝缘材料将带电体与触电者分离开。

A. 闭合　　　　　B. 切断　　　　　C. 将电源接地

59. 采煤工作面经工作面突出危险性预测后划分为突出危险工作面和无突出危险工作面。未进行工作面突出危险性预测的采掘工作面，应当视为（　　）。

A. 无突出危险工作面　　B. 突出危险工作面　　C. 突出偶发工作面

60. 突出矿井应当对突出煤层进行区域突出危险性预测。经区域预测后，突出煤层划分为突出危险区和（　　）。

A. 安全区　　　　B. 无突出危险区　　C. 突出偶发区

61. 当发现煤与瓦斯突出明显预兆时，瓦斯检查工有权停止作业，协助组长立即组织人员（　　），并报告调度室。

A. 继续进行观察　　B. 按避灾路线撤出　　C. 撤离到避风港

62. 防止尘肺病发生，预防是根本，（　　）是关键。

A. 个体防护　　　　　　B. 综合防尘　　　　　　C. 治疗救护

63.《煤矿安全规程》规定，作业人员每天连续接触噪声时间达到或者超过 8 h 的，噪声声级限值为（　　）。

A. 88 dB(A)　　　　　　B. 85 dB(A)　　　　　　C. 90 dB(A)

64. 个体防尘要求作业人员佩戴（　　）和防尘安全帽。

A. 防尘眼镜　　　　　　B. 防尘口罩　　　　　　C. 防尘耳塞

65. 尘肺病中的矽肺病是由于长期吸入过量（　　）造成的。

A. 煤尘　　　　　　　　B. 煤岩尘　　　　　　　C. 岩尘

66. 煤矿企业必须按国家规定对呼吸性粉尘进行监测，采掘工作面每（　　）月测定一次。

A. 2 个　　　　　　　　B. 3 个　　　　　　　　C. 6 个

67. 职业病防治工作坚持（　　）的方针，实行分类管理、综合治理。

A. 预防为主、防治结合　　　　　　B. 标本兼治、防治结合

C. 安全第一、预防为主

68. 按照《煤矿安全规程》的相关规定，Ⅰ期尘肺病患者（　　）年复查 1 次。

A. 1　　　　　　　　　　B. 半　　　　　　　　　C. 2

69. 用人单位对已确诊为尘肺病的职工，（　　）。

A. 必须调离粉尘作业岗位

B. 尊重病人意愿，决定是否继续从事粉尘作业

C. 由单位决定是否从事粉尘作业

70. （　　）是由于在生产环境中长期吸入生产粉尘而引起的以肺组织纤维化为主的疾病。

A. 尘肺病　　　　　　B. 肺病　　　　　　C. 肺结核　　　　　　D. 肺心病

71. 职业病诊断的费用由（　　）承担。

A. 本人　　　　　　B. 职业病防治机构　　　　C. 用人单位　　　　D. 国家

72. 接触煤尘（以煤为主）职业危害作业在岗人员的职业健康检查周期应为（　　）1次。

A. 2 年　　　　　　　　B. 1 年　　　　　　　　C. 半年

73. 某矿井发生致伤事故，有伤员骨折，作为救护抢险人员到现场抢救时，应该（　　）。

A. 先进行骨折固定再送医院救治　　　　　B. 立即送井上医院救治

C. 先报告矿领导，按领导指示办理

74. 现场急救的五项技术是：心肺复苏、止血、包扎、固定和（　　）。

A. 呼救　　　　　　　　B. 搬运　　　　　　　　C. 手术

75. 因触电导致呼吸困难的人员，应立即采用（　　）进行抢救。

A. 人工呼吸法　　　　　B. 全身按摩法　　　　　C. 心脏复苏法

76. 利用仰卧压胸人工呼吸法抢救伤员时，要求每分钟压胸的次数是（　　）次。

A. 8 ~ 12　　　　　　　B. 16 ~ 20　　　　　　　C. 30 ~ 36

77. 创伤包扎范围应超出伤口边缘( )，不要在伤口上面打结。

A. 1~3 cm   B. 4~5 cm   C. 5~10 cm   D. 6~10 cm

78. 对二氧化硫和二氧化氮中毒者进行急救时，应采用( )抢救。

A. 仰卧压胸法   B. 俯卧压背法

C. 口对口的人工呼吸法   D. 心前区叩击术

79. 隔离式自救器能防护的有毒气体( )。

A. 仅为一氧化碳   B. 仅为二氧化碳

C. 仅为硫化氢   D. 为所有有毒有害气体

80. 化学氧自救器( )。

A. 可重复使用多次   B. 只能使用1次   C. 能重复使用3次

81. 在有煤与瓦斯突出矿井、区域的采掘工作面和瓦斯矿井掘进工作面，不应选用( )自救器。

A. 化学氧隔离式   B. 压缩氧隔离式   C. 过滤式

82. 使用胸外心脏按压术应当( )。

A. 使伤员仰卧，头稍低于心脏   B. 使伤员仰卧，头稍高于心脏

C. 使伤员侧卧   D. 使伤员俯卧

83. 关于压缩氧隔离式自救器，以下说法正确的是( )。

A. 氧气由外界空气供给   B. 不能反复多次使用

C. 氧气由自救器本身供给

D. 只能用于外界空气中氧气浓度大于18%的环境中

84. 采用止血带止血时，持续时间一般不超过( )。

A. 0.5 h   B. 1 h   C. 1.5 h   D. 2 h

85. 矿工井下遇险佩戴自救器后，若吸入空气温度升高，感到干热，则应( )。

A. 取掉口具或鼻夹吸气   B. 坚持佩戴，脱离险区

C. 改用湿毛巾

二、多选题

1. 瓦斯空气混合气体中混入( )会增加瓦斯的爆炸性，降低瓦斯爆炸的浓度下限。

A. 可爆性煤尘   B. 一氧化碳气体   C. 硫化氢气体   D. 二氧化碳气体

2. 下列气体有毒的是( )

A. 一氧化碳   B. 硫化氢   C. 二氧化碳   D. 二氧化硫

3. 煤矿特种作业是指容易发生事故，对( )的安全健康及设备、设施的安全可能造成重大危害的作业。

A. 操作者本人   B. 作业场所工作人员

C. 邻近其他场所工作人员

4. 我国煤矿多为地下开采，作业地点经常受到( )和顶板灾害的威胁。

A. 水灾   B. 火灾   C. 瓦斯灾害   D. 粉尘危害

5. 矿井瓦斯爆炸将导致( )。

A. 温度升高   B. 产生高压气流   C. 产生有毒有害气体

6. 煤与瓦斯突出的危害有( )。

A. 造成人员窒息、死亡　　　　　　　　B. 发生瓦斯爆炸、燃烧

C. 破坏通风系统甚至发生风流逆转　　　D. 堵塞和破坏巷道、摧毁设备

7. 煤与瓦斯突出危险性随( )增加而增大。

A. 煤层埋藏深度　　B. 煤层厚度　　　　C. 煤层透气性　　D. 煤层倾角

8. 瓦斯的主要性质有( )。

A. 窒息性　　　　　B. 扩散性　　　　　C. 可燃性　　　　D. 爆炸性

9. 在煤矿井下,硫化氢气体危害的主要表现为( )。

A. 刺激性、有毒性　　　　　　　　　　B. 可燃性

C. 致使瓦斯传感器催化剂"中毒"　　　　D. 爆炸性

10. 煤矿特种作业人员应具备的素质是( )。

A. 安全意识牢固　　B. 法制观念强　　　C. 安全意识不强　　D. 工作作风好

11. ( )人员均容易引发事故。

A. 违章作业　　　　B. 上班前喝酒　　　C. 安全意识不强　　D. 未经培训

12. 矿井通风的基本任务是( )。

A. 供作业人员呼吸　　　　　　　　　　B. 防止煤炭自然发火

C. 冲淡和排除有毒有害气体　　　　　　D. 创造良好的气候条件

E. 提高井下的大气压力

13. 顶板事故发生后,如暂时不能恢复冒顶区的正常通风等,则可以利用( )向被埋压或截堵的人员供给新鲜空气、饮料和食物。

A. 压风管　　　　　B. 开掘巷道　　　　C. 打钻孔　　　　D. 水管

14. 造成局部通风机循环风的原因可能是( )。

A. 风筒破损严重,漏风量过大

B. 局部通风机安设的位置距离掘进巷道口太近

C. 全风压的供风量大于局部通风机的吸风量

D. 全风压的供风量小于局部通风机的吸风量

15. 在煤矿井下,瓦斯容易局部积聚的地方有( )。

A. 掘进下山迎头　　　　　　　　　　　B. 瓦斯含量

C. 相对瓦斯涌出量　　　　　　　　　　D. 瓦斯涌出形式

16. 确定矿井瓦斯等级的依据是( )。

A. 绝对瓦斯涌出量　　　　　　　　　　B. 瓦斯含量

C. 相对瓦斯涌出量　　　　　　　　　　D. 瓦斯涌出形式

17. 矿井瓦斯爆炸的条件是( )。

A. 混合气体中瓦斯浓度范围5% ~ 16%

B. 混合气体中氧气浓度大于12%

C. 高温点火源650 ~ 750 ℃

18. 防止瓦斯爆炸的措施是( )。

A. 抽放瓦斯　　　　　　　　　　　　　B. 防止瓦斯积聚

C. 防止瓦斯引燃　　　　　　　　　　　D. 防止煤尘达到爆炸浓度

19. 掘进工作面中最容易导致瓦斯积聚的因素有(   )。

A. 局部通风机时开时停   B. 风筒严重漏风

C. 局部通风机产生循环风   D. 全风压供风量不足

20. 防止瓦斯积聚和超限的措施主要有(   )。

A. 加强通风   B. 抽放瓦斯

C. 及时处理局部积聚的瓦斯   D. 加强瓦斯浓度和通风状况检查

21. 煤矿井下巷道用于隔断风流的设施主要有(   )。

A. 防爆门   B. 密闭墙   C. 风门   D. 风桥

22. 井下临时停工地点不得停风,否则应采取(   )等措施。

A. 切断电源   B. 设置警标,禁止人员进入

C. 设置栅栏   D. 向矿调度室汇报

23. 矿井风门设置和使用的基本要求包括(   )等。

A. 使用的进回风巷间的联络必须安设 2 道风门,其间距必须满足有关规定

B. 两道风门设置风门连锁装置,不能同时打开

C. 主要风门应设置风门开关传感器

D. 风门必须可靠,不准出现漏风现象

24. 预防巷道冒顶事故应采取的主要措施主要包括(   )等。

A. 合理布置巷道

B. 合理选择巷道断面形状和断面尺寸以及支护方式

C. 有足够的支护强度,加强支护维修

D. 坚持敲帮问顶制度

25. 井下电气设备火灾可用(   )灭火等。

A. 水   B. 干粉灭火器   C. 沙子   D. 不导电的岩粉

26. 矿井内一氧化碳的来源有(   )。

A. 炮烟   B. 意外火灾   C. 煤炭自燃   D. 瓦斯煤尘爆炸

27. 井下使用的(   )应是阻燃材料制成的

A. 电缆外套   B. 风筒   C. 输送机胶带   D. 支护材料

28. 井下发生瓦斯爆炸时,减轻伤害的自救方法有(   )。

A. 背对空气颤动方向,俯卧倒地,面部贴在地面、水沟,避开冲击

B. 憋气暂停呼吸,用湿毛巾捂住口鼻,防止吸入火焰

C. 用衣物盖住身体,减少肉体暴露面积,减少烧伤

D. 迅速戴好自救器撤离,防止中毒

E. 若巷道破坏严重、无法撤离时,到安全地点,躲避待救

29. 采掘工作面或其他地点发现有突水征兆时,应当(   )。

A. 立即停止作业   B. 报告矿调度室

C. 发出警报   D. 撤出所有受水威胁地点的人员

E. 在原因未查清、隐患未排除之前,不得进行任何采掘活动

30. 采掘工作面或其他地点的突水征兆主要有(   )。

A. 煤层变湿、挂红、挂汗、空气变冷、出现雾气

B. "水叫"、顶板来压、片帮、淋水加大

C. 底板鼓起或产生裂隙、出现渗水、钻孔喷水、底板涌水、煤壁溃水

D. 水色发浑、有臭味

31. 采掘工作面及其他作业地点风流中、电动机或开关安设地点附近 20 m 以内风流中的瓦斯浓度达到 1.5% 时，必须(　　)。

A. 停止工作　　　　　B. 切断电源　　　　　C. 撤出人员

D. 进行处理　　　　　E. 坚守岗位继续作业

32. 在采用敲帮问顶、排除帮顶浮石的作业中，正确的做法是(　　)。

A. 敲帮问顶人员要观察周围环境，严禁站在岩块下或岩块滑落方向。并选好退路

B. 必须有监护人员，监护人员应站在敲帮问顶人员的侧后面，并保证退路畅通

C. 作业从支护完好的地点开始，由外向里、先顶后帮依次进行

D. 严禁与敲帮问顶作业无关人员进入作业区域

33. 井下爆炸材料库、机电设备硐室、(　　)以及采掘工作面附近的巷道中，应备有灭火器材，其数量、规格和存放地点要在灾害预防和处理计划中确定。

A. 检修硐室　　　　　B. 材料库　　　　　C. 井底车场

D. 使用带式输送机或液力耦合器的巷道　　　E. 主要绞车道

34. 井下机电设备硐室应当设在进风风流中，硐室采用扩散通风时应符合要求的是(　　)。

A. 硐室深度不得超过 6 m　　　　　B. 硐室入口宽度不小于 1.5 m

C. 硐室内无瓦斯涌出　　　　　　　D. 硐室布置在岩层内

E. 设有甲烷传感器

35. 掘进井巷和硐室时，必须采取(　　)等综合防尘措施。

A. 湿式钻眼、水炮泥　　B. 冲洗井壁巷帮　　C. 净化风流

D. 爆破喷雾降尘　　　　E. 装岩(煤)洒水

36. 煤尘爆炸效应主要有(　　)。

A. 爆源周围空气产生高温　　　　　B. 爆源周围空气产生高压

C. 生成大量有毒、有害气体　　　　D. 形成爆炸冲击波

37. 煤矿井下紧急避险设施主要包括(　　)。

A. 永久避难硐室　　　　　　　　　B. 临时避难硐室

C. 可移动式救生舱　　　　　　　　D. 候车硐室

38. 煤矿作业场所职业危害的主要因素有(　　)。

A. 粉尘(煤尘、岩层、水泥尘等)

B. 化学物质(氮氧化物、碳氧化物、硫化物等)

C. 物理因素(噪声、高温、潮湿等)

D. 生物因素(传染病)流行病等

39. 入井前需要做的准备工作有(　　)。

A. 入井前严禁喝酒

B. 检查随身物品，严禁穿化纤衣服，严禁携带烟草和点火物品

C. 携带个人防护用品，如安全帽、自救器等

D. 领取矿灯并检查矿灯是否完好

E. 携带其他作业需要的物品

40. 斜井提升时,(　　　)等属于违章行为。

A. 扒、蹬、跳运行中的矿车(人车)、胶带　　　B. 行车时行人

C. 超员乘坐人车　　　D. 不带电放车

E. 没有跟车人行车

41. 关于井下电器操作行为,属于违章作业的是(　　　)。

A. 带电作业　　　B. 停电作业不挂牌

C. 机电设备接触保护装置运行

D. 非专职人员或非值班电气人员擅自操作电气设备

E. 井下带电移动电气设备

42. 下列操作行为属于违章操作的是(　　　)。

A. 擅自移动、调整、甩掉、破坏瓦斯监控设施

B. 井下无风坚持作业

C. 井下带风门的巷道1组风门同时开启

D. 私藏、私埋、乱扔乱放或转借(交)他人雷管、炸药

43. 下列从业行为属于违章作业的是(　　　)。

A. 无证上岗

B. 入井不戴安全帽、矿灯、自救器

C. 脱岗、睡觉、酒后上岗

D. 不执行"敲帮问顶"制度和"支护原则"

E. 在空帮、空顶、浮石伞檐下作业或进入采空区作业

44. 人力推车时必须遵守的规定有(　　　)。

A. 1次只推1辆车,严禁在矿车两侧推车

B. 同向推车必须保持大于规定间距

C. 巷道坡度大于7%时,严禁人力推车

D. 推车时必须时刻注意前方,推车人必须及时发出警号

E. 严禁放飞车

45. 发生局部冒顶的预兆有(　　　)。

A. 顶板裂隙张开,裂隙增多

B. 顶板裂隙内有活矸,并有掉渣现象

C. 煤层与顶板接触面上极薄的矸石片不断脱落

D. 敲帮问顶时声音不正常

46. 发生煤炭自然发火的预兆有(　　　)。

A. 煤层及附近空气温度和水温增高

B. 自然发火初期巷道中湿度增大,出现雾气和水珠,煤壁出汗

C. 空气中氧气浓度下降

D. 出现一氧化碳、二氧化碳等气体,人体产生不适感

E. 自然发火初期空气中出现煤油、汽油、松节油等气味

47. 发生煤与瓦斯突出的预兆有(　　　)。

A. 煤体深部发出响声

B. 煤层层理紊乱，煤变软；颜色变暗淡、无光泽；煤层干燥，煤尘增大

C. 煤层受挤压褶曲，煤变粉碎，厚度变大，倾角变陡

D. 压力增大，支架变形；煤壁外鼓、片帮、掉渣；顶板冒顶、断裂，底板鼓起；钻孔作业出现夹钻、顶钻

E. 瓦斯涌出量忽大忽小；空气气味异常、闷人；煤温或气温降低或升高

48. 在煤矿井下，瓦斯的危害主要表现为(　　　)。

A. 使人中毒　　　　B. 使人窒息　　　　C. 爆炸和燃烧　　　D. 自然发火

E. 煤与瓦斯突出

49. 在突出煤层的石门揭煤和煤巷掘进工作面进风侧，必须设置至少2道牢固可靠的反向风门，下列关于反向风门位置说法正确的是(　　　)。

A. 反向风门之间的距离不小于4 m

B. 反向风门距工作面回风巷不小于10 m

C. 反向风门与工作面最近距离一般不小于70 m

D. 反向风门与工作面最近距离小于70 m时，应设置至少3道反向风门

E. 墙壁厚度不小于0.5 m

50. 通常以井筒形式为依据，将矿井开拓方式划分为(　　　)。

A. 斜井开拓　　　　B. 平硐开拓　　　　C. 立井开拓　　　D. 综合开拓

51. 矿井空气中含有的主要有害气体包括(　　　)等。

A. 一氧化碳　　　　B. 硫化氢　　　　C. 甲烷　　　　D. 二氧化氮

E. 二氧化硫

52. 煤矿企业要积极依靠科技进步，应采用有利于职业危害防治和保护从业人员健康的(　　　)。

A. 新技术　　　　B. 新工艺　　　　C. 新材料　　　D. 新产品

53. 矿井必须建立完善的防尘洒水系统。防尘管路应(　　　)。

A. 铺设到所有可能产尘的地点

B. 保证各用水点水压满足降尘需要

C. 保证水质清洁

54. 井下发生险情，拨打急救电话时，应说清(　　　)。

A. 受伤人数　　　　B. 患者伤情　　　　C. 地点　　　　D. 患者姓名

55. 判断骨折的依据主要有(　　　)。

A. 疼痛　　　　B. 肿胀　　　　C. 畸形　　　　D. 功能障碍

56. 因外伤出血用止血带时应注意(　　　)。

A. 松紧合适，以远端不出血为准

B. 留有标记，写明时间

C. 使用止血带以不超过2 h为宜，应尽快送医院救治

D. 每隔30～60 min左右，放松2～3 min

57. 事故外伤现场急救技术主要有(　　　)。

A. 暂时性止血　　　　　　B. 创伤包扎　　　　　C. 骨折临时固定　D. 伤员

58. 事故发生时，现场人员的行动原则是(　　　)。

A. 积极抢救　　　　　B. 及时汇报　　　　　C. 安全撤离　　　　D. 妥善避难

59. 心跳呼吸停止后的症状有(　　　)。

A. 瞳孔散大、固定　　　　　　　　　B. 心音、脉搏消失

C. 脸色发绀　　　　　　　　　　　　D. 神智丧失

60. 在煤矿井下搬运伤员的方法有(　　　)。

A. 担架搬运　　　　　　　　　　　　B. 单人徒手搬运

C. 双手徒手搬运　　　　　　　　　　D. 皮肤感觉

61. 在煤矿井下判断伤员是否有呼吸的方法有(　　　)。

A. 耳听　　　　　　B. 眼视　　　　　　C. 晃动伤员　　　D. 皮肤感觉

62. 用人工呼吸方法进行抢救，做口对口人工呼吸前，应(　　　)。

A. 将伤员平放在空气流通的安全地方

B. 将伤员平卧，解松伤员的衣扣、裤袋、裸露前胸

C. 将伤员的头侧过，清除上演口中的异物

63. 化学氧隔离式自救器在使用中应注意(　　　)。

A. 当发现气囊缩小、变瘪时，应停止使用

B. 佩戴初始缓慢行走，氧气充足后可加快保持匀速行走，保持呼吸均匀

C. 禁止取下鼻夹，口具或通过口具讲话

D. 平时应置于阳光充足处保养

64. 压缩氧隔离式自救器在携带与使用中应注意(　　　)。

A. 携带过程中严禁开启扳把

B. 携带过程中要防止撞击、挤压

C. 使用过程中不可通过口具讲话

D. 使用过程中不得摘掉鼻夹、口具

65. 隔离式自救器分为化学氧自救器和压缩氧自救器两种。它们可以防护(　　　)等各种有害气体。

A. 硫化氢　　　　　　B. 二氧化硫　　　　　C. 一氧化碳　　　D. 二氧化氮

66. 使触电人员摆脱电源的正确方法是(　　　)。

A. 用导电材料挑开电线　　　　　　B. 迅速断开电源开关

C. 用绝缘物使人与电线脱离　　　　D. 用手拉开触电伤员

67. 影响触电危险性因素主要有(　　　)。

A. 触电电网是否有过流保护　　　　B. 触电时间长短

C. 触电电流经人体的路径　　　　　D. 人的精神状态和健康状态

E. 流经人体的电流大小

68. 预防触电伤亡事故的主要措施有(　　　)。

A. 装设漏电保护装置　　　　　　　B. 使人身不能触及或接近带电体

C. 严禁电网中性点直接接地　　　　D. 设置保护接地

E. 装设过流保护装置

69. 对长期被困井下人员急救升井时应采取（　　）等措施。

A. 用衣服片、毛巾等蒙住眼睛　　　　B. 用棉花等堵住耳朵

C. 立即更换衣物　　　　　　　　　　D. 不能让其进食过量食物

70. 佩戴自救器撤离不安全区域过程中，如果吸气时感到干燥且不舒服时，不能（　　）。

A. 脱掉口具吸气　　　B. 摘掉鼻夹吸气　　　C. 通过口具讲话

三、判断题

1. 粉尘存在状态可以分成浮尘和落尘，浮尘的危害最大。　　　　　（　　）

2. 当混合气体中瓦斯浓度大于 16% 时，仍然会燃烧和爆炸。　　　　（　　）

3. 采取一定的安全措施后，可用刮板运输机运送爆破器材。　　　　（　　）

4. 接近水淹或可能积水的井巷、老空或相邻煤矿时，必须先进行探水。（　　）

5. 井下工作人员必须熟悉灭火器材的使用方法和存放地点。　　　　（　　）

6. 煤矿井下发生水灾时，被堵在巷道的人员应妥善选择避灾地点。　（　　）

7. 掘进巷道必须采用矿井全风压通风或局部通风机通风。　　　　　（　　）

8. 巷道贯通后，必须停止采区内的一切工作，立即调整通风系统，风流稳定后，方可恢复工作。　　　　　　　　　　　　　　　　　　　（　　）

9. 有煤（岩）与瓦斯（二氧化碳）突出危险的采煤工作面不得采用下行通风。（　　）

10. 开采有瓦斯喷出或瓦斯突出危险的矿层时，严禁任何 2 个工作面之间串联通风。　　　　　　　　　　　　　　　　　　　　　　　　　（　　）

11. 在开采突出煤层时，两采掘工作面之间可以串联通风。　　　　（　　）

12. 电压在 36 V 以上和由于绝缘损坏可能带有危险电压的电气设备的金属外壳、架构、铠装电缆的钢带（或钢丝）、铅皮或屏蔽护套等必须有保护接地。（　　）

13. 本质安全型电气设备，在正常工作状态下产生的火花或热效应不能点燃爆炸性混合物；在故障状态下产生的火花或热效应会点燃爆炸性混合物。　（　　）

14. 从防爆安全性评价来看，本质安全型防爆电气设备是各种防爆电气设备中防爆安全性能最好的一种。　　　　　　　　　　　　　　　　　　（　　）

15. 不管哪种采煤方法，工作面绝对瓦斯涌出量对产量增大而增加。　（　　）

16. 采取变电所必须有独立的通风系统。　　　　　　　　　　　　（　　）

17. 冲淡并排除井下各种有毒有害气体和粉尘是井下通风的目的之一。（　　）

18. 抽出式通风也称负压通风，当主要通风机运转时，造成风硐中空气压力高于大气压力，迫使空气从进风井口进入井下，再由出风井排出。　　　（　　）

19. 井下发生火灾时，灭火人员一般是在回风流侧进行灭火。　　　（　　）

20. 单纯的煤尘与空气混合气体不会发生爆炸，一定要有瓦斯掺入混合气体才会爆炸。　　　　　　　　　　　　　　　　　　　　　　　　　（　　）

21. 发生煤与瓦斯突出事故后，不得停风和反风，防止风流紊乱，扩大灾情。（　　）

22. 进入盲巷中不会发生危险。　　　　　　　　　　　　　　　　（　　）

23. 井下电话线路可以利用大地做回路。　　　　　　　　　　　　（　　）

24. 井下发生自燃火灾时，其回风流中一氧化碳浓度升高。　　　　（　　）

25. 井下防爆型的通信、信号和控制等装置，应优先采用本质安全型。　（　　）

26. 井下电气设备检修必须严格执行相关规程和工作程序，并悬挂标志牌。　（　　）

27. 井下用风地点的回风再次进入其他用风地点的通风方式称为串联通风。　（　　）

28. 井下主要水泵房、井下中央变电所、矿井地面变电所和地面通风机房的电话，应能与矿调度室直接联系。　（　　）

29. 掘进工作断面小、落煤量小，瓦斯涌出量也相对较小，发生瓦斯事故的可能性也较小。　（　　）

30. 矿井通风可以采用局部通风机或风机群作为主要风机使用。　（　　）

31. 掘进巷道可以使用 3 台以上（含 3 台）的局部通风机同时向 1 个掘进工作面供风。　（　　）

32. 矿井瓦斯是煤岩涌出的各种气体的总称，其主要成分是甲烷，有时也专指甲烷一种气体。　（　　）

33. 矿井主要通风机反风，当风流方向改变后，主要通风机的供给风量不应小于正常风量的 40%。　（　　）

34. 矿用隔爆兼本质安全型电气设备的防爆标志是 E。　（　　）

35. 漏电是由于带电导体的绝缘性能下降或损坏、导体间电气间隙和爬电距离变小、带电导体接壳或接地造成的。　（　　）

36. 煤矿井下永久性避难硐室是供矿工在劳动时休息的设施。　（　　）

37. 燃烧是炸药在热源或火源作用下引起的化学反应过程。所以贮存炸药要特别注意改善通风条件，防止炸药在贮存条件下燃烧。　（　　）

38. 人的不安全行为和物的不安全状态是造成生产安全事故发生的基本因素。（　　）

39. 若盲巷是无瓦斯涌出岩巷，不封闭也不会导致事故。　（　　）

40. 生产经营单位为从业人员提供劳动保护用品时，可根据情况采用货币或者其他用途物品替代。　（　　）

41. 使用局部通风机通风的掘进工作面，不得停风。　（　　）

42. 造成带式输送机输送带跑偏的主要原因之一是输送带受力不均匀。　（　　）

43. 停工区内瓦斯浓度达到 3% 不能立即处理时，必须在 24 h 内封闭。　（　　）

44. 空气瓦斯混合气体爆炸浓度的上、下界限与爆炸环境的因数无关。　（　　）

45. 瓦斯爆炸造成人员大量伤亡的主要原因是一氧化碳中毒。　（　　）

46. 瓦斯的存在将使煤尘空气混合气体的爆炸下限降低。　（　　）

47. 瓦斯空气混合气体中瓦斯浓度越高，爆炸威力越大。　（　　）

48. 工作面瓦斯涌出量的变化与采煤工艺无关。　（　　）

49. 严禁井下配电变压器中性点直接接地。　（　　）

50. 一台局部通风机可以向 2 个作业的掘进工作面供风。　（　　）

51. 引燃瓦斯爆炸的温度是固定不变的。　（　　）

52. 利用局部通风机排放巷道中积聚的瓦斯，应采取"限量排放"措施，严禁"一风吹"。　（　　）

53. 用于煤矿井下的电气设备一定是防爆型电气设备。　（　　）

54. 空气瓦斯混合气体中有其他可燃气体的混入，往往会使瓦斯的爆炸浓度下限降

低。　　　　　　　　　　　　　　　　　　　　　　　　　　　　　（　　）

55. 专用排瓦斯巷内不得进行生产作业，但可以设置电气设备。（　　）

56. 采煤工作面上隅角、顶板垮落空洞等处容易积聚瓦斯。（　　）

57. 带式输送机要先发出开机信号，再点动试机，没有异常情况时，方可正式开机。
（　　）

58. 当作业现场即将发生冒顶时，应迅速离开危险区，撤退到安全地点。（　　）

59. 电气设备着火时，应首先切断电源。在切断电源前，只准使用不导电的灭火器材进行灭火。
（　　）

60. 防爆性能遭受破坏的电气设备，必须立即处理或更换，严禁继续使用。（　　）

61. 井下发生火灾，作业人员撤退时，位于火源进风侧的人员应顺着新风流撤退。
（　　）

62. 巷道交叉点，必须设置路标，标明所在地点，指明通往安全出口的方向。井下作业人员必须熟悉通往安全出口的路线。
（　　）

63. 矿井发生透水事故时，现场工作人员在水流急、来不及躲避的情况下，应抓住棚子或其他固定物件，以防被水流冲倒，待水流过后，按规定的躲避水灾路线撤离。（　　）

64. 矿井通风时瓦斯积聚的基本措施，只有做到有效地控制供风的风流方向、风量和风速，漏风少、风流稳定性高，才能保证随时冲淡和排除瓦斯。
（　　）

65. 劳动保护用品时用来保护人员作业安全和健康的预防性辅助装备。（　　）

66. 煤矿从业人员要熟知安全行走路线，熟知安全站立点位置，熟知各种安全禁止、警告、指令、指示标志。严格按照规定在运输巷道和工作面、作业区行走、站立。（　　）

67. 煤矿从业人员必须按照有关规定配备个人安全防护用品，并掌握操作技能和方法。
（　　）

68. 煤矿从业人员要认识煤矿各种灾害的危险性，掌握煤矿瓦斯、煤尘、水、火等灾害知识，学会各种灾害的防灾、避灾、救灾技能和方法，熟悉从业场所的避灾路线。（　　）

69. 煤矿发生事故要积极进行抢救，抢救工作中要制定安全措施，确保人身安全。
（　　）

70. 煤矿企业、矿井的各职能部门负责人对本职范围内的防突工作负责；区（队）、班组长对管辖范围内防突工作负直接责任；防突人员对所在岗位的防突工作负责。（　　）

71. 每一次操作，都要事先进行安全确认，不安全，不操作。但在紧急情况下可以不经安全确认。
（　　）

72. 井下发生火灾，灭火人员灭火时，要站在上风侧，保持正常通风，及时排除火烟和水蒸气。
（　　）

73. 入井人员乘罐时，要服从井口把钩人员指挥，自觉遵守入井检身制度和出入井人员清点制度。
（　　）

74. 使用局部通风机供风的地点必须实行风电闭锁，保证当正常工作的局部通风机停止运转或停风后切断停风区内部全部非本质安全型电气设备的电源。（　　）

75. 所有地下煤矿应为入井人员配备额定防护时间不低于 30 min 的自救器，入井人员应随身携带。
（　　）

76. 所有煤与瓦斯突出矿井都应建设井下紧急避险设施。其他矿井不应建设井下紧急

避险设施。　　　　　　　　　　　　　　　　　　　　　　　　　（　　　）

77. 停送电的操作必须严格执行"谁停电、谁送电"的停送电原则。严禁借他人停电时机检修同一电源线路上的电气设备。　　　　　　　　　　　（　　　）

78. 硅肺病是由于长时期吸入过量岩尘造成的。　　　　　　　　　（　　　）

79. 用水灭火时，水源应从火源的外围逐渐逼近火区中心。　　　　（　　　）

80. 有关人员可以乘坐刮板输送机，但不能在其上面行走。　　　　（　　　）

81. 运送人员的列车未停稳时不准上下人员，严禁在列车行进途中扒车、蹬车、跳车和翻越车厢。　　　　　　　　　　　　　　　　　　　　　　（　　　）

82. 在井下安设降尘设施，能减少生产过程中的煤尘悬浮飞扬，是防止煤尘爆炸的有效措施。　　　　　　　　　　　　　　　　　　　　　　　　（　　　）

83. 在井下拆卸矿灯会产生电火花，可引起瓦斯和煤尘爆炸事故。　（　　　）

84. 在井下和井口房，可采用可燃性材料搭设临时操作间、休息间，但必须制定安全措施。　　　　　　　　　　　　　　　　　　　　　　　　　（　　　）

85. 在平巷或斜巷中，没有乘坐专门运送人员的人车或由矿车组成的单独承认列车时，可以乘坐其他车辆。　　　　　　　　　　　　　　　　　　　（　　　）

86. 生产矿井主要用风机必须装有反风设置，必要时进行反风。　　（　　　）

87. 恢复已封闭的停工区，必须事先排除其中积聚的瓦斯。　　　　（　　　）

88. 制定专项措施后，可在停风或瓦斯超限的区域作业。　　　　　（　　　）

89. 当掘进工作面出现透水预兆时，必须停止作业，报告调度室，立即发出警报并撤出人员。　　　　　　　　　　　　　　　　　　　　　　　　（　　　）

90. 当煤矿井下发生大面积的垮落、冒顶事故，现场人员被堵在独头巷道或工作面时，被堵人员应赶快往外扒通出口。　　　　　　　　　　　　　　　（　　　）

91. 硅肺是一种职业危害所致的疾病，患病后即使调离矽尘作业环境，病情仍会继续发展。　　　　　　　　　　　　　　　　　　　　　　　　　（　　　）

92. 硅肺是一种致残性职业病，主要是作业人员吸入大量的含有游离二氧化硅的岩尘所致。　　　　　　　　　　　　　　　　　　　　　　　　　（　　　）

93. 确诊为尘肺病的职工，只要本人愿意，可以继续从事接触粉尘的工作。（　　　）

94. 尘肺病可预防而不可治愈,尘肺病患者随着年龄的增加,病情会逐步加重。（　　　）

95. 劳动者有权查阅、复印其本人职业健康监护档案。　　　　　　（　　　）

96. 发现有人触电，应赶紧用手拉其脱离电源。　　　　　　　　　（　　　）

97. 当井下作业人员的矿灯熄灭时，可以到附近进风巷道中打开检修。（　　　）

98. 常用的人工呼吸方法有口对口呼吸法、仰卧压胸法和俯卧压胸法压背法。（　　　）

99. 对一般外伤人员，应先进行止血、固定、包扎等初步救护后，再进行转运。（　　　）

100. 井下急救救护中心必须遵循"先复苏、后搬运，先止血、后搬运，先固定、后搬运"的原则。　　　　　　　　　　　　　　　　　　　　　　　（　　　）

101. 对于烧伤人员的急救要点可概括为：灭、查、防、包、送5个字。（　　　）

102. 煤矿井下发生重伤事故时，在场人员立即将伤员送到地面。　（　　　）

103. 发生煤与瓦斯突发事故时，所有灾区人员要以最快速度佩戴隔离式自救器，然后沿新鲜风流方向向井口撤退。　　　　　　　　　　　　　　　（　　　）

104. 井下发生险情，避险人员进入避难硐室前，应在外面留有矿灯、衣服、工具等明显标志。　　　　　　　　　　　　　　　　　　　　　　　　　（　　）

105. 井下发生透水事故，破坏了巷道中的照明和路标时，现场人员应沿着有风流通过的巷道上山方向撤退。　　　　　　　　　　　　　　　　　　　　（　　）

106. 煤矿井下永久性避难硐室可供矿工作业休息使用。　　　　　　　（　　）

107. 隔离式自救器不受外界气体氧浓度的限制，可以在含有各种有毒气体及缺氧的环境中使用。　　　　　　　　　　　　　　　　　　　　　　　　　（　　）

108. 对事故中被埋压的人员，挖出后应首先清理呼吸道。　　　　　　（　　）

109. 在救援中，对怀疑有胸、腰、椎部骨折的伤员搬运时，可以采用一人抬头，一人抬腿的方法。　　　　　　　　　　　　　　　　　　　　　　　（　　）

110. 在救援中，对四肢骨折的伤员固定时，一定要将指（趾）末端露出。　（　　）

111. 对于脊柱损伤人员，可以担架、风筒、绳网等运送。　　　　　　（　　）

112. 对于脊柱损伤人员，严禁让其坐起、站立和行走。　　　　　　　（　　）

113. 发生外伤出血用止血带止血时，止血带的压力要尽可能大，以实现可靠阻断血流。　　　　　　　　　　　　　　　　　　　　　　　　　　　　　（　　）

114. 在抢险救援中，为争取抢救时间，对获救的遇险人员，要迅速搬运，快速行进。
　　　　　　　　　　　　　　　　　　　　　　　　　　　　　　（　　）

115. 自救器用于防止使用人员气体中毒或缺氧窒息。　　　　　　　　（　　）

第三部分　安全技术知识

一、判断题

1. 工作面爆破时，应将推移装置活塞杆收回。　　　　　　　　　　（　　）

2. 隔离开关是滚筒采煤机的电源总开关，其作用是接通和断开采煤机的电源。
　　　　　　　　　　　　　　　　　　　　　　　　　　　　　　（　　）

3. 综采工作面当采高超过 3 m 或片帮严重时，液压支架必须有护帮板，防止片帮伤人。　　　　　　　　　　　　　　　　　　　　　　　　　　　　（　　）

4. 采煤机扁形截齿沿滚筒半径方向安装，习惯称为刀型截齿。　　　（　　）

5. 在井下检修采煤机时，应先把采煤机各开关、把手置于停止或断开的位置并打开隔离开关（含电磁启动器中的隔离开关），然后闭锁工作面输送机。　（　　）

6. 综采工作面的循环作业方式为单循环作业。　　　　　　　　　　（　　）

7. 液力偶合器是安装在电动机和减速器之间，是用液力传递能量的一种传动装置。
　　　　　　　　　　　　　　　　　　　　　　　　　　　　　　（　　）

8. 采煤机采用弯摇臂结构能增大过煤空间，提高装煤效果，减少无用的能量消耗，改善润滑状况。　　　　　　　　　　　　　　　　　　　　　　　（　　）

9. 在井下可随时打开牵引部机盖检查内部结构。　　　　　　　　　（　　）

10. 联轴器在找正时的测量与调整都只能以主动轴为基准，把它称为基准轴。（　　）

11. 液压支架的移架步距应该和采煤机截深及输送机的推移步距一致。　（　　）

12. 采煤机牵引部一般都设有液压功率和电机功率自动调整的装置。　（　　）

13. 采煤机电动机采用风冷和水套冷却。（　　）

14. 工作面倾角较大时，要采取有效的防滑措施，必要时使用液压安全绞车。（　　）

15. 设备检修的内容包括外部缺陷、内在缺陷、功能检查等。（　　）

16. 滚筒采煤机正常工作状态下，离合器应处于分的状态。（　　）

17. 采煤机液压系统中的精过滤器安装在辅助泵的进油口。（　　）

18. 采煤机摇臂和行星减速器采用飞溅润滑。（　　）

19. 采煤机镐形截齿主要适用于脆性、裂隙多、节理发育的煤层。（　　）

20. 刮板机与转载机要搭接合理，不拉回头煤。（　　）

21. 根据实践经验、判断滚筒采煤机故障的程序是听、摸、看、量及综合分析。（　　）

22. 带电的电气设备、电缆及变压器油失火时，可以用泡沫灭火器。（　　）

23. 采煤机液压零件应洗 3 遍，最后一次的清洗液内不应有肉眼可看到的悬浮物。（　　）

24. 可以采用钢丝绳牵引带式输送机或钢丝绳芯带式输送机运送人员。（　　）

25. 刮板输送机的机头、机尾必须打牢锚固柱，有行人通过的刮板输送机机尾处要加盖板。（　　）

26. 当液压牵引采煤机在工作中发现高压下降低压上升，说明液压系统中高低压串通。（　　）

27. 工作面瓦斯、煤尘超限时，必须立即停止割煤，必要时按规定停电，撤出人员。（　　）

28. 具有隔爆外壳的电气设备称隔爆型电气设备。（　　）

29. 特殊情况下采取安全措施后可以用转载机运送材料。（　　）

30. 检查螺纹连接件时，必须注意防松螺母的特性，不符合使用条件及失效的应予更换。（　　）

31. 当滚筒采煤机负载增加时，高压反而降低，这说明液压系统有漏损，泄漏处在主油路的低压侧，应停机处理。（　　）

32. 采煤机滚筒螺旋叶片升角大，排煤能力也大，但过一会抛煤引起煤尘飞扬。（　　）

33. 回柱绞车运行时，电动机外壳温度不得超过 70 ℃。（　　）

34. 特殊情况采取安全措施后可以用输送机运送爆炸材料。（　　）

35. 采煤机检修结束后，按操作规程进行空运转，试验合格后再停机、断电，结束检修工作。（　　）

36. 滚筒采煤机液压油主要用于牵引部液压系统和附属液压系统。（　　）

37. 采煤机截割部减速箱设有强制润滑和冷却装置。（　　）

38. 斜轴泵在运转过程中如发现异常声音、振动、温升过高和泄漏等，应立即停机检查处理。（　　）

39. 行人可以在中部槽内行走。（　　）

40. 当滚筒采煤机在运行中发现有局部冒顶或片帮时，可以将采煤机截割滚筒当破碎机使用以破碎垮落矸石。（　　）

41. 装好的左、右截割部减速箱可以互换。（　　）

42. ZB125 型斜轴泵在采煤机液压传动系统中，应使泵有一半浸在油液中。（　　）

43. 采用滚筒驱动带式输送机运输时必须使用阻燃输送带。　　（　　）

44. 滚筒采煤机运行时，当检查工作结束后，发出信号通知运输系统由外向里按顺序逐台启动输送机。　　（　　）

45. 斜轴泵在运转过程中如发现异常声音、振动、温升过高和泄漏等，应立即停机检查处理。　　（　　）

46. 由于斜轴泵不带外壳，故在单独运输时要把泵封装好　　（　　）

47. 推移刮板输送机可以分别从两端头开始向中间进行。　　（　　）

48. 滚筒采煤机在更换或检查截齿需要转动滚筒时，既可用手扳动，也可用电动机点动。　　（　　）

49. 液压牵引采煤机和电牵引采煤机都能实现无级调速。　　（　　）

50. MG300－W 型采煤机补油回路能使主液压泵的吸油口有一定供油压力。　　（　　）

51. 送材料工可以乘坐刮板输送机。　　（　　）

52. 滚筒采煤机在工作面遇到坚硬夹矸或黄铁矿结核时，应采取松动爆破措施处理严禁用采煤机强行切割。　　（　　）

53. 采煤机牵引部主油泵的工作压力大小是由牵引速度的大小所决定的。　　（　　）

54. 可以用单体支柱推移刮板输送机。　　（　　）

55. 操作采煤机时，禁止带负荷启动和频繁点动开机。　　（　　）

56. 采煤机液压系统中过滤器主要起保证系统内油液清洁的作用。　　（　　）

57. 在有安全措施的情况下，可用刮板输送机运送物料。　　（　　）

58. 双滚筒采煤机不许在电机开动的情况下操作滚筒离合器。　　（　　）

59. 风电闭锁可以切断通风机电源，也能切断采煤机电源。　　（　　）

60. 采煤机因故暂停时，必须打开隔离开关和离合器。　　（　　）

61. 刮板输送机的液力偶合器必须注入难燃液。　　（　　）

62. 双滚筒采煤机的摇臂和滚筒没有左右之分，可以互换。　　（　　）

63. 更换截齿时，可不必断开截割部离合器与隔离开关。　　（　　）

64. 采煤工作面的刮板机上必须装设有能发出停止和启动信号的装置。　　（　　）

65. 在工作面现场发现油液有强烈的刺激气味，颜色变成黑褐色或机械杂质严重超限等情况之一时，均应换油。　　（　　）

66. 滚筒采煤机用平板车运往井下时，装物的平板车上不许站人，运送人员应坐在列车后的乘人车内，并应有信号与列车司机联系。　　（　　）

67. 采煤机电动机机壳内设有螺旋水套作为冷却水道。　　（　　）

68. 采煤机至少应装设内喷雾装置。　　（　　）

69. 内喷雾灭尘效果差，外喷雾效果好。　　（　　）

70. 滚筒采煤机底托架分为固定式和可调式两种。　　（　　）

71. 滚筒直径的大小主要取决于采煤机的功率、滚筒数量和工作面的推进速度。　　（　　）

72. 采煤机上必须装有能停止工作面刮板机运行的闭锁装置。　　（　　）

73. 采煤机油液更换时，旧油排尽后，各油箱应用新油液冲洗干净。　　（　　）

74. 采煤机的导向滑靴通过开口导向管与工作面运输机挡煤板上的导向管活动连接。　　（　　）

75. 滚动轴承的预洗可用洗涤剂,最后的终洗应在洗涤剂滴尽后用矿物油进行。（　　）

76. 电牵引式采煤机要注意牵引电机的工作情况，防止发生电机烧毁事故。（　　）

77. 采煤机产煤量达到 0.8～1.0 Mt 后将报废，拆机升井。（　　）

78. 高压保护、低压保护、回零保护、倒吸保护、油质油温保护是采煤机牵引部的主要保护。（　　）

79. 滚筒采煤机滚筒的宽度应等于或稍大于采煤机滚筒的截深。（　　）

80. 锚链牵引采煤机在倾角较大的工作面作业时，容易发生下滑。（　　）

81. 液压油混入空气后可使液压系统产生气穴，油泵将发出异常声响，如不及时处理将损坏油泵。（　　）

82. 采煤机的电气控制系统具有控制与保护功能。（　　）

83. 滚筒采煤机滚筒直径大小的选择只取决于所采煤层的采高。（　　）

84. 设备在试运转中有异常响声时，应确定其部位后再停车。（　　）

85. 采煤机牵引链使用时间长，链环磨损超限，节距伸长超限会引起断链。（　　）

86. 需要较长时间停机时，应在按顺序停电动机后，再断开隔离开关，脱开离合器，切断电磁启动器隔离开关。（　　）

87. 滚筒采煤机截割部的传动是由液压传动和机械传动构成的。（　　）

88. 采煤机滚筒升降动作缓慢的原因之一是：调高液压系统中安全阀损坏或调定值太低。（　　）

89. 现场检修时，拆卸前必须切断电源。（　　）

90. 为了节约提效，所以一般在拆卸机体内部零件时不用放出内部的油和水。（　　）

91. 采煤机停止时应先停电动机，再停牵引。（　　）

92. 零部件失效是机械出现故障的主要原因。（　　）

93. 滚筒直径是指滚筒上截齿齿尖的最小截割圆直径。（　　）

94. 采煤机滚筒转速越高，其切削量和煤的块度就越大。（　　）

95. 液力偶合器的注液量要适宜，以使电机负荷分配均匀。（　　）

96. 双滚筒采煤机两个截割部除滚筒转向相反外其余结构相同。（　　）

97. 滚筒式采煤机的工作机构，其作用主要是落煤和装煤，同时还作为降尘系统内喷雾压力水的通道。（　　）

98. 更换或检查截齿时，可以开动电机转动滚筒。（　　）

99. 斜轴泵的自吸能力好，所以可以不采用辅助泵供油。（　　）

100. "平、直、匀、净、严、准、细、紧、勤、精"是采煤机司机操作的要点。（　　）

101. 采煤机截割部中锥齿轮通常位于传动系统的低速部分。（　　）

102. 严禁转载机运送材料。（　　）

103. 滚筒式采煤机电气部分由电动机和电气控制箱所组成。（　　）

104. 有链牵引采煤机可不设任何保护装置，在倾角大于 15°的工作面上正常工作。（　　）

105. 采煤机减速箱组装时，机壳没有左右之分，可以翻转 180°使用。（　　）

106. 工作面过老巷时，当矿压显现强烈时应使工作面与老巷斜交。（　　）

107. 采煤机的电气设备均为防爆型，因此可用于有瓦斯或煤尘爆炸危险的矿井。

(　　)

108. 滚筒采煤机的牵引部是由牵引机构和传动装置组成的。 (　　)

109. 采煤机牵引部液压系统控制压力偏高会导致牵引速度减慢。 (　　)

110. 工作面过断层时，要做到尽量缩小断层暴露面积。 (　　)

111. 综采工作面降尘措施主要是煤层注水或内外喷雾。 (　　)

112. 采煤机采用电动机恒功率自动调速，当电动机超载时，自动使牵引速度减慢，以减小电动机输出功率。 (　　)

113. 机采工作面采空区侧或煤壁侧有宽度大于 1 m 的人行通道。 (　　)

114. 综采工作面布置时应适当增加工作面的连续推进长度。 (　　)

115. 瓦斯和煤尘同时存在时，瓦斯浓度越高，煤尘爆炸下限越低。 (　　)

116. 机采工作面上、下平巷高度不低于 1.8 m。 (　　)

117. 油泵的排油量是指单位时间内向外输出的液体体积。 (　　)

118. 采煤机滑靴腿变形、煤壁侧滑靴掉道，导致运行阻力过大会引起断链。 (　　)

119. 综采工作面安全出口巷道高度不低于 2 m。 (　　)

120. 井下电气设备有保护接地装置，无需设漏电保护装置。 (　　)

121. 隔离开关只有在紧急事故情况下才可带负荷断开电源或直接启动采煤机。

(　　)

122. 井下轨道运输的轨距一般为 600 mm 和 900 mm。 (　　)

123. 采煤机截割部有离合器，可以接通或切断传动系统。 (　　)

124. 可伸缩带式输送机多用于上山和大巷中。 (　　)

125. 采煤机截割部传动系统多数都设置一对锥齿轮，以适应电动机纵向布置，改变传动方向的需要。 (　　)

126. 井下常用的运输方式有输送机运输和轨道运输。 (　　)

127. 工作面的刮板输送机多采用可弯曲型的。 (　　)

128. 紧链装置在采煤机运行时，使松边的链条保持一定的张力，防止窝链。 (　　)

129. 采煤机电动机除具有接线腔外，还设有电气控制腔，其内装有隔离开关及其他电气控制元件。 (　　)

130. 采煤机镐形截齿基本上沿着滚筒的切线方向安装，又称切向截齿。 (　　)

二、单选题

1. 弹性垫圈防松属于（　　）。

A. 摩擦防松　　　　B. 机械防松　　　　C. 永久止动防松

2. MG300 - W 采煤机无链牵引装置采用（　　）。

A. 齿条齿轨式　　　B. 销轨式　　　　　C. 孔轨式

3. 节流阀属于（　　）。

A. 方向控制阀　　　B. 压力控制阀　　　C. 流量控制阀

4. 液压支架移架时，被移支架下方和距被移支架上、下（　　）范围内机道上，不得有人作业或逗留。

A. 3 m   B. 5 m   C. 6 m   D. 8 m

5. 采煤机完好标准规定，牵引部导链装置齐全，磨损不大于（　　）。

A. 2 m   B. 5 m   C. 8 m   D. 10 m

6. 液压支架的移步方式通常分为顺序移步和（　　）两种。

A. 依次移步   B. 交错移步   C. 前后移步   D. 同时移步

7. 滚筒采煤机的中修一般在使用（　　）以上或者采煤（　　）以上时进行。

A. 1 个月，0.2 Mt   B. 6 个月，0.35 Mt

C. 3 个月，0.3 Mt   D. 5 个月，0.28 Mt

8. 采煤机滚筒转速一般为（　　）。

A. <30 r/min   B. 30~50 r/min   C. 50~100 r/min

9. 采煤机牵引部的液压系统采用（　　）。

A. 机械油   B. 普通液压油   C. 抗磨液压油

10. 摆线液压马达实际上是一种（　　）。

A. 齿轮马达   B. 叶片马达   C. 柱塞马达

11. 采煤工作面、掘进中的煤巷和半煤岩巷，允许最低风速为（　　）。

A. 1.0 m/s   B. 0.25 m/s   C. 0.15 m/s

12. 采煤机的日检由维修班长负责，有关维修工和司机参加，检查处理时间不少于（　　）。

A. 6 h   B. 4 h   C. 2 h   D. 1 h

13. 综采工作面运输平巷的巷道净宽一般应在（　　）以上。

A. 2 m   B. 3 m   C. 4 m   D. 3.5 m

14. 链牵引采煤机的牵引链若伸长量不大于设计长度的（　　），可继续使用，否则必须更换。

A. 3%   B. 4%   C. 5%   D. 7%

15. 《煤矿安全规程》规定，滚筒式采煤机必须安装内、外喷雾，装载煤时必须喷雾降尘，内喷雾压力不得小于（　　）。

A. 2.0 MPa   B. 1.5 MPa   C. 1.8 MPa

16. 适用于割脆性煤的截齿排列方式为（　　）。

A. 顺序排列   B. 交错排列   C. 混合排列

17. 采煤工作面刮板输送机严禁（　　）。

A. 乘人   B. 运物料   C. 运矸

18. 润滑的最主要作用是（　　）。

A. 冷却作用   B. 减少磨损，减轻磨损

C. 冲洗作用   D. 密封作用

19. 对采煤机工作油液，要求每周用（　　）的方法检查油质。

A. 化验   B. 现场观察   C. 拆卸

20. 滚筒采煤机常用的斜切进刀方式有端部斜切进刀和（　　）两种。

A. 上部斜切进刀   B. 中部斜切进刀

C. 下部斜切进刀   D. 下端斜切进刀

21. 在井下对滚筒采煤机的维修、保养应实行（　　），这是一项强制检修的措施。

　　A. 班检、日检、周检、月检　　　　　　B. 日检、周检、月检、季检

　　C. 周检、月检、季检、半年检　　　　　D. 日检、周检、月检、年检

22. 在连续采煤机开采的房柱式采煤法中，当煤柱以劈柱式回收时，劈柱巷的顶板一般采用（　　）支护。

　　A. 锚杆　　　　　　B. 单体支柱　　　　　C. 锚喷

23. MG300 – W 采煤机牵引部液压系统主油泵型式为（　　）。

　　A. 齿轮泵　　　　　B. 叶片泵　　　　　C. 斜轴式轴向柱塞泵

24. 工作面在回采前必须编制（　　）。

　　A. 采区设计　　　　B. 作业规程　　　　C. 生产规程

25. 每班开始工作前，应脱开滚筒和牵引链轮，在停止供水的情况下空运转（　　），使油温升至 40 ℃ 左右再正常开机。

　　A. 10～15 min　　　B. 15～20 min　　　C. 25～30 min　　　D. 5～10 min

26. 我国通常用煤的坚固性系数 f（又称普氏系数）来表示煤破碎的难易程度。当 $f = 1.5～3.0$ 时的煤为（　　）。

　　A. 软煤　　　　　　B. 硬煤　　　　　　C. 中硬煤　　　　　D. 易碎煤

27. 在井下维修牵引部时，必须由（　　）批准，方可打开牵引部盖。

　　A. 区长　　　　　　B. 队长　　　　　　C. 组长　　　　　　D. 矿机电领导

28. 在连续采煤机掘进巷道时，采煤机调整到位后，开始向正前方煤壁切割，直至截入一定深度才停止，这一工序称为（　　）。

　　A. 切槽工序　　　　B. 采垛工序　　　　C. 掘进工序

29. MG300 – W 中背压阀的作用是（　　）。

　　A. 限制主回路最高压力　　　　B. 限制最高背压　　　　C. 限制最低背压

30. 倾角大于（　　）时，采煤工作面必须有防止煤（矸）窜出刮板输送机伤人的措施。

　　A. 15°　　　　　　　B. 20°　　　　　　　C. 25°

31. 单滚筒采煤机主要适用于煤层厚度为（　　），工作面长度为 100～200 m 的普采工作面或急倾斜煤层的开采。

　　A. 0.5～1.0 m　　　B. 1.0～2.0 m　　　C. 1.5～2.5 m

32. 采煤机开机检查工作结束后，发出信号通知运输系统，（　　）按顺序逐台启动输送机。

　　A. 同时　　　　　　B. 由外向里　　　　C. 由里向外

33. 滚筒采煤机按截割机构的数量可分为（　　）采煤机。

　　A. 可调高式和不可调高式　　　　　　B. 单滚筒和双滚筒

　　C. 内牵引和外牵引　　　　　　　　　D. 链牵引和无链牵引

34. 为了人员安全，滚筒采煤机在电动机与滚筒之间的传动系统中设有（　　）。

　　A. 调速把手　　　　B. 离合器　　　　　C. 隔离开关　　　　D. 信号装置

35. 液压马达每转一周所排出的液体体积称为（　　）。

　　A. 流量　　　　　　B. 排量　　　　　　C. 容积效率

36. 采煤机停止时应先停（　　）。

A. 水　　　　　　　B. 牵引　　　　　　　C. 电动机

37. 综采工作面两端必须使用（　　）或增设其他形式的支护。

A. 液压支架　　　　B. 端头支架　　　　　C. 单体液压支柱

38. 采煤机截割部是采煤机的（　　）。

A. 动力机械　　　　B. 工作机械　　　　　C. 控制机械

39. 在采煤机上应安设机载式甲烷断电仪，当其附近瓦斯浓度达到1%时报警，达到（　　）时必须停止作业，切断采煤机的电源，撤出人员。

A．1.2%　　　　　　B.1.5%　　　　　　　C.2.0%

40. 滚筒采煤机在分层假顶工作面使用中，在金属网下割煤时，采煤机滚筒不应靠近顶板截割，以免割破顶网，一般要求留（　　）左右厚度的顶煤。

A. 100 mm　　　B. 300 mm　　　C. 400 mm　　　　　D. 500 mm

41. 凸缘式联轴器属于（　　）。

A. 固定式联轴器　　B. 可移式联轴器　　C. 安全联轴器

42. 我国已将（　　）采煤机作为今后的发展方向。

A. 机械牵引　　　　B. 液压牵引　　　　　C. 电牵引

43. 当采高超过（　　）或片帮严重时，液压支架必须有护帮板，防止片帮伤人。

A．2 m　　　　　　B．3 m　　　　　　　　C．4 m

44. 对倾角大、煤质硬的煤层，采煤机应采用单向割煤，即沿工作面（　　）。

A. 上行割煤、下行跑空刀　　　　　　B. 下行割煤、上行跑空刀

C. 上行割煤、下行装煤

45. 对采煤机冷却喷雾系统，要求每（　　）检查1次水过滤器，必要时清洗并清除堵塞物。

A. 日　　　　　　　B. 周　　　　　　　　C. 月

46. 要求采煤机滚筒的装煤能力（　　）落煤能力。

A. 大于　　　　　　B. 小于　　　　　　　C. 等于

47. 触电致人死亡的决定因素是（　　）。

A. 电压　　　　　　B. 电流　　　　　　　C. 触电时间　　　　　D．人体电阻

48. （　　）连接大多用在载荷较大和定心精度要求较高的机械设备上。

A. 平键　　　　　　B. 半圆键　　　　　　C. 花键

49. 综采工作面"三机"是指（　　）。

A. 采煤机、刮板输送机、液压支架　　　B. 采煤机、刮板输送机、转载机

C. 液压支架、刮板输送机、胶带机

50. 倾角大于（　　）时，液压支架必须采取防倒、防滑措施。

A. 10°　　　　　　B. 15°　　　　　　　C. 20°

51. 采煤机班检由当班司机负责进行，检查时间不少于（　　）。

A. 20 min　　　　　B. 25 min　　　　　　C. 30 min　　　　　D. 15 min

52. 有链牵引采煤机在倾斜（　　）以上的工作面使用时，应配用液压安全绞车。

A. 10°　　　　　　B. 15°　　　　　　　C. 20°

53. 滚动轴承的允许最高温升是（ ）。

A. 55 ℃   B. 65 ℃   C. 75 ℃

54. 滚筒采煤机的电动机为矿用（ ）电气设备。

A. 一般型   B. 增安型   C. 隔爆型   D. 正压型

55. MG300 – W 采煤机的防滑采用（ ），并通过电磁阀来实现对牵引部液压系统的松闸和抱闸。

A. 液压绞车   B. 液压制动器   C. 液压抱闸

56. 采煤机工作时，电动机输出的功率主要消耗在（ ）上。

A. 截煤   B. 牵引   C. 装煤

57. 采煤工作面遇有坚硬夹矸或黄铁矿结核时，应采取（ ）措施处理，严禁用采煤机强行截割。

A. 松动爆破   B. 预爆破   C. 特殊

58. 齿轮正确啮合的条件是两齿轮的模数和压力角必须分别（ ）。

A，相等   B. 不等   C. 相差固定的数值

59. 采煤机截割部滚筒齿座损坏或短缺的数量不超过（ ）。

A. 1 个   B. 2 个   C. 3 个

60. 滚筒采煤机使用的抗磨液压油，当机械杂质超过（ ）时，应进行更换。

A. 0.01%   B. 0.02%   C. 0.03%   D. 0.05%

61. 斜轴泵的正常工作温度为 25 ~ 60 ℃，最高温升不得超过（ ）。

A. 60 ℃   B. 65 ℃   C. 75 ℃

62. 在 MG300 – W 采煤机牵引部液压系统中，保护主回路低压侧有一个背压的元件是（ ）。

A. 低压溢流阀   B. 高压安全阀   C. 冷却器

63. 综采工作面与普采工作面的主要区别在于（ ）的不同。

A. 支护设备   B. 采煤机械   C. 运输机械

64. 矿井第一次采用放顶煤开采，或在煤层（瓦斯）赋存条件变化较大的区域采用放顶煤开采时，必须根据（ ）编制开采设计。

A. 地质特征   B. 灾害危险性   C. 地质特征和灾害危险性

65. 在煤矿采、掘、运机械中用得最多的密封是（ ）。

A. 接触密封   B. 非接触密封   C. 动密封   D. 静密封

66. 采煤机滚筒螺旋叶片磨损量不超过内喷雾的螺纹，无内喷雾的螺旋叶片磨损量不超过原厚的（ ）。

A. 1/2   B. 1/3   C. 1/4

67. 滚筒采煤机在地面试运行一般不少于（ ）的整机运行。

A. 20 min   B. 30 min   C. 10 min   D. 5 min

68. 液力耦合器使电动机具有（ ）保护装置。

A. 失压   B. 过载   C. 欠压

69. 有链牵引采煤机在倾斜15°以上工作面使用时，应配用（ ）。

A. 防滑杆   B. 液压制动器   C. 液压防滑绞车

70. 电气设备的耐爆性是指（　　）。

A. 外壳的机械强度　　　　　　　　B. 外壳装配接合面的有效长度

C. 外壳装配接合面的间隙

71. 石门属于（　　）巷道。

A. 倾斜　　　　　　B. 水平　　　　　　C. 垂直

72. 耙装作业开始前，甲烷断电仪的传感器，必须悬挂在耙斗（　　）。

A. 作业段的前方　　　B. 作业段的上方　　　C. 作业段的下方

73. 采煤机滚筒转速越高，产生的煤粉量增大，单位能耗（　　）。

A. 增加　　　　　　B. 减少　　　　　　C. 不变

74. 滚筒采煤机滚筒转速的改变一般通过（　　）来实现。

A. 成对更换变速齿轮　　　　　　　B. 主泵

C. 马达　　　　　　　　　　　　　D. 换向阀

75. 电动机外壳温度不超过（　　）。

A. 80 ℃　　　　　B. 75 ℃　　　　　C. 70 ℃　　　　　D. 65 ℃

76. 采煤机滑靴磨损要均匀，磨损量不大于（　　）。

A. 12 mm　　　　　B. 15 mm　　　　　C. 10 mm

77. 安全阀属于（　　）。

A. 方向控制阀　　　B. 压力控制阀　　　C. 流量控制阀

78. 薄煤层采区内的上、下山和平巷的净高不得低于（　　）。

A. 1.8 m　　　　　B. 1.6 m　　　　　C. 2.0 m

79. 在处理转载机机头故障时，一定要停止并（　　）搭接的带式输送机。

A. 闭锁　　　　　　B. 关闭　　　　　　C. 撤除

80. 采煤机滚筒转速越高，煤的块度就越（　　）。

A. 小　　　　　　　B. 大　　　　　　　C. 平均

81. 滚筒采煤机液压牵引速度的大小由（　　）来决定。

A. 主油泵的输出流量和油马达的排量大小

B. 系统工作压力的大小

C. 采煤机功率的大小

D. 采高范围

82. 采煤机上的控制按钮必须设在靠（　　）一侧，并加保护罩。

A. 采空区　　　　　B. 煤壁　　　　　　C. 上巷

83. 工作面中部进刀法属于（　　）。

A. 斜切式进刀法　　B. 正切式进刀法　　C. 推入式进刀法

84. 采区上山至少应有（　　）条。

A. 1　　　　　　　　B. 2　　　　　　　　C. 3

85. 在处理被卡的刮板链时要停电闭锁，并挂（　　）。

A. 标志牌　　　　　B. 停电牌　　　　　C. 警示灯

86. 薄煤层采煤机滚筒直径应为煤层的最小厚度减去（　　）。

A. 0.05～0.2 m　　　B. 0.1～0.3 m　　　C. 0.2～0.4 m

87. 滚筒采煤机在更换截齿和滚筒上下（　　）以内有人工作时，必须护帮护顶切断电源，并打开离合器等措施。

A. 5 m　　　　　　　B. 8 m　　　　　　　C. 3 m　　　　　　　D. 10 m

88. 采煤机液压油主要用于牵引部的（　　）。

A. 液压系统　　　　B. 润滑系统　　　　C. 传动齿轮箱

89. 液压系统压力的大小取决于（　　）。

A. 负载　　　　　　B. 速度　　　　　　C. 流量

90. 设有回风大巷的水平为（　　）水平。

A. 开采　　　　　　B. 回风　　　　　　C. 运输

91. 转载机应避免空负荷运转，一般情况下不应（　　）。

A. 反转　　　　　　B. 正转　　　　　　C. 急停

92. 采煤机截割部传动系统中（　　）机械过载保护装置。

A. 有　　　　　　　B. 没有　　　　　　C. 有的没有

93. 一般采煤机滚筒转速定在 30～50 r/min，相应的截割速度为（　　）。

A. 2～4 m/s　　　　B. 3～5 m/s　　　　C. 4～6 m/s

94. 割煤时发生瓦斯突出恰遇采煤机截割坚硬夹矸、产生火花，引起瓦斯爆炸，导致 4 人死亡，这是因为（　　）。

A. 误操作　　　　　B. 违反规程　　　　C. 偶然事故

95. 设有井底车场及主要运输大巷的水平为（　　）水平。

A. 开采　　　　　　B. 回风　　　　　　C. 运输

96. 刮板输送机机头、机尾必须打（　　）。

A. 地锚　　　　　　B. 锚固支柱　　　　C. 单体柱

97. 采煤机截割部滚筒（　　）变速。

A. 不可能　　　　　B. 可以　　　　　　C. 有时可以

98. 《煤矿安全规程》规定，当工作面倾角在（　　）以上时，滚筒式采煤机必须有可靠的防滑装置。

A. 15°　　　　　　　B. 18°　　　　　　　C. 20°　　　　　　　D. 25°

99. 采煤机滚筒螺旋叶片升角过小，会造成煤重复破碎，使能量消耗（　　）。

A. 增大　　　　　　B. 变小　　　　　　C. 不发生变化

100. 采煤机最常用的截深为（　　）。

A. 0. 6 m　　　　　B. 1. 0 m　　　　　C. 1. 2 m

101. 断层走向和煤（岩）层走向平行的为（　　）断层。

A. 斜交　　　　　　B. 倾向　　　　　　C. 走向

102. 机械设备传动部位应按规定设置保护罩或保护（　　）。

A. 断电保护装置　　B. 警戒　　　　　　C. 栏杆

103. 采煤机截割部减速箱（　　）承受较大的冲击动载荷，结构紧凑。

A. 能　　　　　　　B. 不能　　　　　　C. 有时能

104. 液压牵引采煤机液压系统中使用的 N100 抗磨液压油，黏度指数应大于（　　）。

A. 30　　　　　　　B. 50　　　　　　　C. 70　　　　　　　D. 90

105. 滑动轴承的允许温升是（　　）。

A. 55 ℃　　　　　　B. 60 ℃　　　　　　C. 65 ℃　　　　　　D. 75 ℃

106. 滚筒采煤机滑靴磨损量小于（　　）时，可继续使用不必更换。

A. 15 mm　　　　　B. 10 mm　　　　　C. 20 mm　　　　　D. 25 mm

E. 8 mm

107. 上盘相对上升，下盘相对下降是（　　）断层。

A. 正　　　　　　　　B. 逆　　　　　　　　C. 平推

108. 采煤工作面刮板输送机必须安设能发出停止和启动信号的装置，发出信号点的间距不得超过（　　）。

A. 15 m　　　　　　B. 10 m　　　　　　C. 20 m

109. 采煤机截割机构在正常工作时，大约消耗整机功率的（　　）以上。

A. 50%　　　　　　B. 60%　　　　　　C. 80%

110. 液压牵引采煤机在工作中当发现时牵引、时不牵引时，主要故障原因是（　　）。

A. 系统严重缺油　　B. 液压油严重污染　　C. 压力太低　　　　D. 压力太高

111. 当工作面煤层厚度比采煤机的采高范围小时，通常采用（　　）。

A. 正切进刀法　　　B. 端部斜切进刀法　　C. 推入式进刀法

112. 采煤机大修的周期为（　　）。

A. 6 个月　　　　　B. 1 年　　　　　　　C. 2 年

113. 上盘相对下降，下盘相对上升是（　　）断层。

A. 正　　　　　　　　B. 逆　　　　　　　　C. 平推

114. 采煤机在割煤过程中要割直、割平，并严格控制（　　），防止出现工作面弯曲和台阶式的顶板和底板。

A. 截深　　　　　　B. 速度　　　　　　C. 采高

115. 液压牵引采煤机中牵引部液压系统的高压保护是由（　　）实现的。

A. 调速机构　　　　B. 高压安全阀　　　C. 换向阀　　　　　D. 节流阀

116. 滚筒采煤机上必须装有能停止工作面刮板输送机运行的（　　）。

A. 闭锁装置　　　　B. 信号装置　　　　C. 开关　　　　　　D. 把手

117. 位于采煤机（　　）的滑靴为导向滑靴。

A. 煤壁侧　　　　　B. 采空侧　　　　　C. 煤壁侧和采空侧

118. 当采煤机通过工作面断层时，不论断层处于工作面的上部或下部，一般采用（　　）的办法通过断层。

A. 卧底　　　　　　B. 挑顶　　　　　　C. 拉底

119. 根据对开采技术的影响，按煤层倾角的大小将煤层分为（　　）类。

A. 1　　　　　　　　B. 2　　　　　　　　C. 3　　　　　　　　D. 4

120. 使用有链牵引采煤机，在开机前，必须先喊话或发出（　　），防止因牵引链跳动伤人。

A. 信号　　　　　　B. 命令　　　　　　C. 指令

121. 滚筒采煤机的滚筒螺旋叶片升角的大小直接影响装煤的效果，螺旋叶片的升角在（　　）范围内装煤效果好。

A. 5° ~ 15°　　　　　B. 8° ~ 24°　　　　　C. 15° ~ 30°　　　　　D. 25° ~ 30°

122. 当工作面的断层落差较大，附近煤层的厚度小于滚筒直径时，一般用（　　　）的方法，使采煤机顺利通过。

A. 拉底挑顶　　　　B. 取留底煤　　　　C. 用联络巷与原平巷连通

123. 厚煤层的厚度为（　　　）。

A. 1. 5 ~ 4.0 m　　　　B. 1. 3 ~ 3. 5 m　　　　C. 大于 3.5 m

124. 当倾角较大的煤层在开采时，使用（　　　）是防止采煤机下滑最有效的措施。

A. 防滑链　　　　　B. 安全液压绞车　　　　C. 防滑杆

125. 滚筒采煤机在传动系统中设有机械过载保护装置，如在机械传动中安装安全销，通常安全销的剪切强度为电动机额定转矩的（　　　）倍。

A. 3 ~ 5　　　　　　B. 1 ~ 2　　　　　　C. 2. 5 ~ 3. 5　　　　　D. 2. 0 ~ 2. 5

126. （　　　）只能用于在正常运行条件下不会产生电弧、火花和危险温度的设备上。

A. 隔爆型电气设备　　B. 增安型电气设备　　C. 本质安全型电气设备

127. 中厚煤层的厚度为（　　　）。

A. 1. 3 ~ 4.0 m　　　　B. 1. 3 ~ 3. 5 m　　　　C. 2. 0 ~ 3. 5 m

128. 薄煤层的厚度为（　　　）。

A. 小于 1. 3 m　　　　B. 1. 3 ~ 3. 5 m　　　　C. 2. 0 ~ 4. 5 m

129. 煤层内夹有的薄层岩层为（　　　）。

A. 夹矸　　　　　　B. 伪顶　　　　　　C. 直接顶

130. 采煤机电动机为偏心出轴，一般可绕纵轴翻转（　　　）使用。

A. 90°　　　　　　B. 180°　　　　　　C. 360°

131. 一对齿轮转动，主动轮转速为 1500 r/min，齿数为 21，从动轮齿数为 42，则从动轮转速为（　　　）r/min。

A. 1500　　　　　　B. 750　　　　　　C. 3000

132. 液压传动系统中油缸属于（　　　）元件。

A. 动力原件　　　　B. 执行原件　　　　C. 控制原件

133. 采掘工作面风流中二氧化碳浓度达到（　　　）时，必须停止工作，撤出人员，查明原因，制定推论，进行处理。

A. 1. 0%　　　　　　B. 1. 5%　　　　　　C. 2. 0%　　　　　D. 1. 2%

三、多选题

1. MG300 - W 型采煤机牵引部液压系统主阀组主要由（　　　）组成。

A. 补油单向阀　　　　　　　　　B. 低压溢流阀

C. 高压安全阀　　　　　　　　　D. 液动三位五通换向阀

E. 三相四通电磁换向阀

2. 引起液压牵引采煤机不牵引的一些可能原因是（　　　）。

A. 液压锁损坏　　　　　　　　　B. 液压系统油液严重污染

C. 液压马达泄漏　　　　　　　　D. 伺服机构失效

3. 某工作面采煤机出现灭尘效果不好，其原因是（　　　）。

A. 喷雾泵的压力及流量满足不了要求

B. 供水管路截止阀关闭或未完全打开，造成水量不足

C. 过滤器堵塞

D. 安全阀损坏或整定值太低造成供水压力不够

4. 引起采煤机滚筒伤人事故的违章作业的情况有（　　）。

　A. 司机未认真瞭望　　　　　　　　B. 开机前未发出预警信号就直接操作

　C. 采煤机司机误操作　　　　　　　D. 非司机违规上岗

　E. 司机工作时不慎触及采煤机滚筒

5. 滚筒采煤机在工作中，牵引速度要由小到大逐渐增加，不许猛增。要根据（　　）随时调整采煤机的牵引速度。

　A. 功率大小　　　　B. 滚筒直径　　　　C. 主泵排量

　D. 顶、底板情况　　E. 煤层构造

6. 煤（岩）层的产状要素有（　　）。

　A. 走向　　　　　　B. 断层　　　　　　C. 褶曲　　　　　　D. 倾向

　E. 倾角

7. 放顶煤开采存在的问题有（　　）。

　A. 容易自燃　　　　B. 巷道布置困难　　C. 煤尘大　　　　　D. 工艺复杂

8. 采煤机牵引部液压系统主回路系统包括（　　）。

　A. 高压保护回路　　　　　　　　　B. 液压控制回路系统

　C. 主回路　　　　　　　　　　　　D. 补油和热交换回路

　E. 电动机功率自动调速回路

9. 采煤机螺旋滚筒上截齿的排列方式直接影响（　　）。

　A. 截割速度　　　　B. 牵引速度　　　　C. 单位能耗　　　　D. 出煤的块度

　E. 煤尘量的大小

10. 某矿采煤机牵引链弹跳打伤一名工人，产生这种现象的原因可能是（　　）。

　A. 工作面不平直　　B. 放炮崩链　　　　C. 开机前未发出预警信号

11. 某工作面采煤机在正常运行时突然发现功率下降、电动机过热，其原因是（　　）。

　A. 截到坚硬夹石　　　　　　　　　B. 突然停水

　C. 部分截齿脱落　　　　　　　　　D. 电机功率过小

12. 某矿采煤机上所用的斜轴式轴向柱塞变量泵使用不久配油盘便损坏了，其原因是（　　）。

　A. 液压油严重污染　　　　　　　　B. 油量严重不足

　C. 所用油品不当，黏度过低　　　　D. 牵引部液压油中水分超标

13. 某工作面采煤机在工作中液压牵引部突然产生异常响声，其原因是（　　）。

　A. 主油路系统缺油　　　　　　　　B. 液压系统中混入空气

　C. 主油路系统有外泄漏　　　　　　D. 液压泵或液压马达损坏

14. 采面有（　　）时应采用松动爆破措施处理，严禁用采煤机强行截割。

　A. 坚硬煤　　　　　　B. 坚硬夹矸　　　　C. 黄铁矿结核

15. 常用的采煤机电缆的型号有（　　　）。

A. UCP　　　　　　　B. UCPQ　　　　　　C. UCEPQ　　　　　　D. UCPJR

E. UCPJB

16. 以下属于滚筒采煤机无链牵引装置形式的有（　　　）。

A. 齿轮—齿轨型　　　B. 滚轮（销轮）—齿轨型

C. 链轮—链轨型　　　D. 齿轮—销轨型　　　E. 链轮—齿轨型

17. 滚筒采煤机冷却系统主要用于冷却（　　　）。

A. 滚筒齿座　　　　　B. 电动机　　　　　　C. 截割部油温　　　　D. 底托架

E. 液压牵引部油温

18. 一般煤层按厚度可分为（　　　）。

A. 薄煤层　　　　　　B. 特薄煤层　　　　　C. 中厚煤层　　　　　D. 厚煤层

19. 煤层按倾角可分为（　　　）。

A. 倾斜煤层　　　　　B. 近水平煤层　　　　C. 缓斜煤层　　　　　D. 急斜煤层

20. 常用的悬臂式支架的布置方式有（　　　）。

A. 齐梁式　　　　　　B. 摩擦式　　　　　　C. 错梁式

21. 井下使用的单体柱子有（　　　）。

A. 木支柱　　　　　　B. 摩擦式金属支柱

C. 液压支架　　　　　D. 单体液压支柱

22. 采煤机牵引部液压油多采用（　　　）号抗磨液压油。

A. N10　　　　　　　B. N100　　　　　　C. N1　　　　　　　D. N150

E. N32

23. 判断采煤机故障的方法是（　　　）。

A. 先元件、后部件　　　　　　　　　B. 先外部、后内部

C. 先电气、后机械　　　　　　　　　D. 先机械、后液压

E. 先部件、后元件

24. 采煤机通电后不能启动的可能原因有（　　　）。

A. 电缆芯线与接线柱连接不好　　　　B. 电动机定子绕组烧毁

C. 三相中有一相断线　　　　　　　　D. 定子绕组相间短路或转子断条

E. 负载过大

25. 一个完整的液压系统包括（　　　）基本组成部分。

A. 工作液体　　　B. 辅助元件　　　C. 动力元件　　　D. 控制元件

E. 执行元件

26. 一工人站在滚筒附近向输送机中运料，叫司机启动输送机，司机却启动了采煤机，使该工人被卷入滚筒中死亡，这是因为（　　　）。

A. 运料无安全措施

B. 采煤机停机后未打开离合器

C. 责任心不强且误操作

27. 引起采煤机液压牵引部过热的原因是（　　　）。

A. 冷却水量、水压不足或无冷却水

B. 液压系统有外泄漏

C. 牵引速度较慢

D. 液压系统油质不符合要求

28. 某矿在转换采煤工作面时,需要改变采煤机滚筒的调高范围,应( )来实现。

A. 通过改变滚筒直径

B. 通过更换不同长度的摇臂

C. 通过改变底托架的高度

29. 某工作面采煤机滚筒升起后保持不住而自动下落,其原因是( )。

A. 液压锁损坏 　　B. 调高油缸窜液 　　C. 安全阀损坏 　　D. 管路泄漏

30. 某工作面 MG – 300 型采煤机下行时正常,上行时牵引不正常,有时不牵引,压力表显示瞬时压力为 8 MPa,并且稳不住,有时压力突然下降。造成牵引不正常的可能原因是( )。

A. 液压马达外泄漏 　B. 油液严重污染 　　C. 补油泵吸油过滤器堵塞

31. 中厚煤层使用的双滚筒采煤机采用前顺后逆的优点有( )。

A. 装煤效果好 　　B. 煤尘较少 　　C. 滚筒不向司机甩煤 　D. 振动小

32. 采煤机喷雾的主要作用是( )。

A. 降低电机温度 　B. 降尘 　　　C. 冷却截齿 　　　D. 扑灭截割火花

E. 湿润煤层

33. 更换截齿时,若滚筒上下 3 m 以内有人员工作时,必须做到( )。

A. 护帮 　　　　B. 护顶 　　　C. 断电

D. 打开隔离开关和离合器 　　　　E. 闭溜

34. 滚筒直径一定的滚筒采煤机,滚筒转速对( )都有影响。

A. 牵引速度 　　　B. 煤的块度 　　C. 粉尘量

D. 装煤能力 　　　E. 单位能耗

35. 滚筒采煤机的截齿有两种类型,即( )。

A. 扁形(刀型)截齿 　B. 圆柱截齿 　　C. 横向截齿 　　D. 纵向截齿

E. 镐形截齿

36. 滚筒采煤机( )方式可实现牵引速度的无级调速。

A. 机械调速 　　　B. 液压调速 　　C. 电动机调速 　　D. 齿轮变速

E. 差动调速

37. 综合机械化采煤是指采煤工作面的( )和顶板管理等基本工序都实现机械化作业。

A. 破煤 　　　　B. 装煤 　　　C. 运煤 　　　　D. 支护

E. 运料

38. 预防和减少采煤机故障的措施有( )。

A. 提高工人素质

B. 坚持"四检"制度,严格进行强制检修

C. 严格执行操作规程,不违章作业

D. 减小煤层采高

E. 加强油质管理，防止油液污染

39. 当滚筒采煤机司机较长时间离机时，应做（　　）工作。

A. 断开离合器、隔离开关　　　　　　　B. 合上离合器、隔离开关

C. 关闭进水总阀　　　　　　　　　　　D. 将安全阀压力调低

E. 将滚筒落到底板上

40. 按照采煤工艺方式和机械化程度不同，采煤方法可分为（　　）。

A. 炮采　　　　　　B. 普采　　　　　　C. 放顶煤　　　　　　D. 综采

41. 单体支架常用的有（　　）支护等几种形式。

A. 戴帽点柱　　　　　B. 棚子　　　　　C. 悬臂支架

42. 使用无链牵引的采煤机有（　　）。

A. MC400/900 型采煤机　　　　　　　　B. AM – 500 型采煤机

C. MG300 – W 型采煤机　　　　　　　　D. MLS – 170 型采煤机

E. MXA – 300 型采煤机

43. 采煤机截割部传动方式主要有（　　）。

A. 电动机→固定减速箱→摇臂→行星齿轮传动→滚筒

B. 电动机→主液压泵→油马达→减速箱→滚筒

C. 电动机→固定减速箱→摇臂→滚筒

D. 电动机→减速箱→滚筒

E. 电动机→摇臂→行星齿轮传动→滚筒

44. MG300 系列采煤机的电气设备主要由（　　）等组成。

A. 隔离开关　　　　B. 中间箱　　　　C. 主电动机　　　　D. 电磁阀箱

E. 监控设备

45. 某工作面采煤机工作时不能启动，其电气方面的原因是（　　）。

A. 启动按钮损坏　　　　　　　　　　　B. 带重负荷启动

C. 控制回路短路或断路　　　　　　　　D. 紧急停止按钮未解锁

46. 下面选项中属于采煤机截割部传动特点的是（　　）。

A. 采用液压传动，保护装置齐全

B. 有较大的传动比

C. 传动系统中通常设有一对传动比可变换的齿轮，用于改变滚筒转速

D. 在传动装置的高速传动部分设有齿轮离合器

E. 传动系统多采用飞溅和强制润滑方式

47. 操作采煤机时应注意当工作面瓦斯、煤尘超限时，应立即（　　）。

A. 减速慢行　　　　B. 停止割煤　　　　C. 必要时按规定断电　　　D. 撤出人员

48. 采煤机牵引无力的原因可能是（　　）。

A. 低压控制压力偏低　　　　　　　　　B. 系统的高压与低压相互串通

C. 主回路系统泄漏严重　　　　　　　　D. 主泵或液压马达泄漏或损坏

E. 制动装置不能完全松闸

49. 引起采煤机液压牵引部异常声响的原因有（　　）。

A. 主油路系统缺油　　　　　　　　　　B. 液压系统中混有空气

C. 主油路系统有外泄漏　　　　　　　　D. 电动机反转

E. 主液压泵或液压马达损坏

50. 预防井下电火花、电弧产生的主要措施有（　　）。

A. 采用防爆电气设备

B. 设置漏电保护，及时切除具有危险性的漏电电网

C. 设置接地保护系统，减小漏电产生的电火花的能量，以减小引爆瓦斯和煤尘的危险性

D. 加强电气设备日常维护工作确保其达标运行

E. 合理选择电气设备的额定值，并装设继电保护装置

51. 从使用效果上看，下列喷嘴喷雾效果较好的是（　　）。

A. 平射型　　　　　B. 旋涡型　　　　　C. 冲击型　　　　　D. PN 型

E. 引射型

52. 采煤机滚筒的主要作用有（　　）。

A. 装煤　　　　　　B. 破煤　　　　　　C. 运煤　　　　　　D. 碎煤

53. 采煤机滚筒螺旋叶片升角为（　　）的滚筒装煤效果较好。

A. 6°　　　　　　　B. 12°　　　　　　C. 18°　　　　　　D. 24°

E. 30°

54. 煤是采煤机的破碎对象，其机械性质对采煤机（　　）有很大影响。

A. 刀具的受力　　　B. 能耗　　　　　　C. 电动机功率　　　D. 牵引力

E. 采高范围

55. 按照作用和服务范围的不同，巷道可分为（　　）。

A. 开拓巷道　　　　B. 煤层巷道　　　　C. 回采巷道　　　　D. 准备巷道

E. 岩石巷道

56. 当工作面遇到有坚硬夹矸或黄铁矿结核时，滚筒采煤机强行切割会造成（　　）的后果。

A. 因摩擦产生火花，引起瓦斯爆炸事故　　B. 引起机身强烈振动

C. 截齿磨损、折断　　　　　　　　　　　D. 传动系统损坏

E. 设备老化

57. 我国综采电气设备电源电压等级多采用（　　）。

A. 380 V　　　　　B. 660 V　　　　　C. 1140 V　　　　　D. 3300 V

E. 6000 V

58. 以下属于滚筒采煤机电动机主要技术参数的是（　　）。

A. 额定功率　　　　B. 出厂日期　　　　C. 额定电压　　　　D. 磁极对数

E. 相数

59. 我国综采工作面的作业形式，一般有每天（　　）。

A. 一班作业　　　　B. 二班作业　　　　C. 三班作业　　　　D. 四班交叉作业

E. 五班交叉作业

60. 某矿采煤工作面采煤机在工作中出现滚筒有时升降动作缓慢，有时不能调高，产生这种现象的原因是（　　）。

A. 调高泵损坏，泄漏大而流量过小

B. 调高千斤顶损坏

C. 千斤顶活塞杆腔与活塞腔之间串油

D. 安全阀整定压力过低或损坏

61. 某矿工作面采煤机截割部减速箱在工作中出现过热现象，其原因是（　　　）。

A. 使用润滑油不合格，油的黏度过高　　　B. 使用的油黏度过低

C. 油中水分超限度，油膜强度降低　　　　D. 冷却水压力流量不足

62. 某工作面采煤机在工作中机身发生强烈振动，其原因是（　　　）。

A. 端面截齿中的正截齿（指向煤壁）短缺

B. 合金刀头脱落

C. 截齿磨钝

63. 螺纹机械防松的方法有（　　　）。

A. 开槽螺母　　　　B. 止动垫圈　　　　C. 对顶螺母　　　　D. 黏合

E. 自锁螺母

64. 以下属于采区内硐室的有（　　　）。

A. 煤仓　　　　　　B. 绞车房　　　　　C. 变电所　　　　　D. 爆炸材料库

65. 在无仪器情况下，判断润滑油脂好坏的方法，常见的有（　　　）。

A. 温度判断　　　　B. 气味判断　　　　C. 外观颜色判断　　　D. 黏度判断

E. 声音判断

66. 采煤机滚筒截齿损坏方式有（　　　）。

A. 生锈　　　　　　B. 磨损　　　　　　C. 丢失　　　　　　D. 弯曲

E. 折断　　　　　　F. 崩掉合金

67. 属于准备巷道的有（　　　）。

A. 运输大巷　　　　B. 采区上山　　　　C. 主石门　　　　　D. 采区绞车房

E. 井筒

68. 属于回采巷道的有（　　　）。

A. 运输平巷　　　　B. 采区上山　　　　C. 石门　　　　　　D. 回风平巷

E. 开切眼

69. 采区煤仓的作用是（　　　）。

A. 提高工作面设备的利用率

B. 发挥运输系统的潜力

C. 保证连续均衡生产

70. 造成滚筒采煤机滚筒升起后自动下降的原因是（　　　）。

A. 液压锁损坏　　　B. 换向阀损坏　　　C. 调高油缸串液　　　D. 管路漏损

E. 调高泵损坏

71. 滚筒采煤机采用链牵引时，牵引链的固定装置有（　　　）。

A. 刚性固定装置　　　　　　　　　　　　B. 液压补偿式固定装置

C. 弹簧补偿式固定装置　　　　　　　　　D. 弹性联轴节固定装置

E. 塑性固定装置

72. 滚筒采煤机用的工业齿轮油在工作面现场发现油液（　　　）情况时，均应换油。

A. 透明、清澈、无味　　　　　　　　　　B. 有强烈刺激气味

C. 变成黑褐色　　　D. 有小颗粒　　　　E. 成乳白

73. 采煤机主机（截割电动机）不自保可能的原因有（　　　）。

A. 冷却水温度低

B. 控制系统中电源组件部分的 1140 V 熔断器烧断

C. 控制线断开

D. 电气控制腔内自保继电器不吸合，或者是自保继电器触点接触不良

E. 未供冷却水，自保回路中的水压接点不闭合

74. 下面选项中属于采煤机牵引部特点的是（　　　）。

A. 牵引速度大

B. 通过改变电动机的转向可实现双向牵引

C. 有足够的牵引力

75. 采煤工作面严禁使用的折损坑木为（　　　）。

A. 损坏的金属顶梁

B. 失效的摩擦式金属支柱

C. 失效的单体液压支柱

76. 采煤工作面遇顶底板松软或破碎（　　　）以及托伪顶开采时必须制定安全措施。

A. 过断层　　　　　B. 过空巷　　　　　C. 过煤柱　　　　　D. 冒顶区

77. 在实施预防巷道冒顶事故措施的过程中，要特别注意顶与帮的背严背实问题，杜绝支架与围岩间的（　　　）现象。

A. 空顶　　　　　　B. 空帮　　　　　　C. 漏顶　　　　　　D. 漏帮

78. 矿井生产系统包括（　　　）系统。

A. 提升运输　　　　B. 通风、压风　　　C. 排水　　　　　　D. 供电

79. 运输系统主要有（　　　）系统。

A. 运煤　　　　　　B. 运料　　　　　　C. 通风　　　　　　D. 供电

E. 排水　　　　　　F. 排矸

80. 属于开拓巷道的有（　　　）。

A. 运输大巷　　　　B. 采区上山　　　　C. 主石门　　　　　D. 井底车场

E. 井筒

81. 躲入避难硐室的人员，要在硐口外放置（　　　）等做标记，以便矿山救护队发现抢救。

A. 大石块　　　　　B. 矿灯　　　　　　C. 衣服　　　　　　D. 电钻

82. 零件拆卸后，清洗时最常用的洗涤剂是（　　　）。

A. 酒精　　　　　　B. 汽油　　　　　　C. 柴油　　　　　　D. 苯

E. 煤油

83. 矿井供电三大保护的内容是（　　　）。

A. 断相保护　　　　B. 过流保护　　　　C. 漏电保护　　　　D. 过电压保护

E. 保护接地

84. 液压牵引采煤机在井下打开牵引部维修时，可用(　　　)擦拭液压油池及液压元件。

A. 纱布　　　　　　　B. 海绵　　　　　　　C. 破布　　　　　　　D. 泡沫塑料

E. 棉纱

85. 根据围岩与煤层的相对位置，可将煤层顶板分为 (　　　)。

A. 伪顶　　　　　　　B. 直接顶　　　　　　C. 假顶　　　　　　　D. 基本顶

E. 人工假顶

86. 按冒顶范围的不同可将煤层顶板事故分为 (　　　)。

A. 局部冒顶　　　　　B. 压垮型冒顶　　　　C. 大型冒顶　　　　　D. 推垮型冒顶

87. 根据断层上、下两盘相对移动的方向，断层分为 (　　　)。

A. 正断层　　　　　　B. 平移断层　　　　　C. 走向断层　　　　　D. 逆断层

88. 补强式支护方式主要有 (　　　) 支护等。

A. 锚杆　　　　　　　B. 喷射混凝土　　　　C. 喷浆　　　　　　　D. 锚索

E. 锚喷

89. 锚杆支护可以起到 (　　　) 作用。

A. 加固拱　　　　　　B. 组合梁　　　　　　C. 悬吊　　　　　　　D. 封闭

答案

第一部分　法律法规知识

一、单选题

1.（B）　2.（A）　3.（A）　4.（B）　5.（B）　6.（A）　7.（C）

8.（A）　9.（C）　10.（A）　11.（C）　12.（B）　13.（B）　14.（B）

15.（C）　16.（D）　17.（A）　18.（B）　19.（A）　20.（D）　21.（B）

22.（B）　23.（B）　24.（A）　25.（D）　26.（C）

二、多选题

1.（AB）　　　2.（CD）　　　3.（ABCD）　　4.（ACD）　　5.（AC）

6.（ABC）　　7.（ABC）　　8.（ABCDEF）　9.（ABCD）　10.（ABC）

11.（ABCDEF）12.（ABCDE）　13.（ACD）　　14.（ABD）　15.（ABCD）

16.（ABCD）

三、判断题

1.（√）　2.（×）　3.（√）　4.（√）　5.（×）　6.（√）　7.（√）

8.（√）　9.（√）　10.（×）　11.（√）　12.（√）　13.（√）　14.（√）

15.（√）　16.（×）　17.（√）　18.（√）　19.（×）　20.（√）　21.（×）

22.（√）　23.（√）　24.（√）　25.（√）　26.（×）　27.（√）　28.（√）

29.（×）　30.（√）　31.（×）　32.（√）　33.（×）　34.（√）　35.（√）

第二部分　安全基本知识

一、单选题

1.（C）	2.（C）	3.（A）	4.（B）	5.（A）	6.（B）	7.（A）
8.（A）	9.（B）	10.（A）	11.（C）	12.（C）	13.（A）	14.（C）
15.（A）	16.（A）	17.（B）	18.（C）	19.（A）	20.（A）	21.（A）
22.（B）	23.（B）	24.（C）	25.（A）	26.（C）	27.（B）	28.（D）
29.（B）	30.（C）	31.（C）	32.（C）	33.（A）	34.（D）	35.（A）
36.（A）	37.（B）	38.（A）	39.（B）	40.（B）	41.（C）	42.（A）
43.（A）	44.（D）	45.（A）	46.（A）	47.（D）	48.（B）	49.（D）
50.（D）	51.（D）	52.（C）	53.（B）	54.（D）	55.（C）	56.（C）
57.（C）	58.（B）	59.（B）	60.（B）	61.（B）	62.（B）	63.（B）
64.（B）	65.（C）	66.（B）	67.（A）	68.（A）	69.（A）	70.（A）
71.（C）	72.（A）	73.（A）	74.（B）	75.（A）	76.（B）	77.（C）
78.（C）	79.（D）	80.（B）	81.（C）	82.（A）	83.（C）	84.（B）
85.（B）						

二、多选题

1.（ABC）	2.（ABD）	3.（ABC）	4.（ABCD）	5.（ABC）
6.（ABCD）	7.（ABD）	8.（ABCD）	9.（ABCD）	10.（ABCD）
11.（ABCD）	12.（ACD）	13.（ABCD）	14.（BD）	15.（BD）
16.（ACD）	17.（ABC）	18.（ABC）	19.（ABCD）	20.（ABCD）
21.（ABC）	22.（ABCD）	23.（ABCD）	24.（ABCD）	25.（BCD）
26.（ABCD）	27.（ABC）	28.（ABCDE）	29.（ABCDE）	30.（ABCD）
31.（ABCD）	32.（ABCD）	33.（ABCD）	34.（ABC）	35.（ABCDE）
36.（ABCD）	37.（ABC）	38.（ABC）	39.（ABCDE）	40.（ABCDE）
41.（ABCDE）	42.（ABCD）	43.（ABCDE）	44.（ABCDE）	45.（ABCD）
46.（ABCDE）	47.（ABCDE）	48.（BCE）	49.（ABCD）	50.（ABCD）
51.（ABCDE）	52.（ABCD）	53.（ABC）	54.（ABC）	55.（ABCD）
56.（ABCD）	57.（ABCD）	58.（ABCD）	59.（ABCD）	60.（ABC）
61.（ABD）	62.（ABC）	63.（ABC）	64.（ABCD）	65.（ABCD）
66.（BC）	67.（BCDE）	68.（ABCD）	69.（ABD）	70.（ABC）

三、判断题

1.（√）	2.（×）	3.（×）	4.（√）	5.（√）	6.（√）	7.（√）
8.（√）	9.（√）	10.（√）	11.（×）	12.（√）	13.（×）	14.（√）
15.（√）	16.（√）	17.（√）	18.（×）	19.（×）	20.（×）	21.（√）
22.（×）	23.（×）	24.（√）	25.（√）	26.（√）	27.（√）	28.（√）

29. （×）　30.（×）　31.（×）　32.（√）　33.（√）　34.（×）　35.（√）
36. （×）　37.（√）　38.（√）　39.（×）　40.（×）　41.（√）　42.（√）
43. （√）　44.（×）　45.（√）　46.（√）　47.（×）　48.（×）　49.（√）
50. （×）　51.（×）　52.（√）　53.（×）　54.（√）　55.（×）　56.（√）
57. （√）　58.（√）　59.（√）　60.（√）　61.（×）　62.（√）　63.（√）
64. （√）　65.（√）　66.（√）　67.（√）　68.（√）　69.（√）　70.（√）
71. （×）　72.（√）　73.（√）　74.（√）　75.（√）　76.（×）　77.（√）
78. （√）　79.（√）　80.（×）　81.（√）　82.（√）　83.（√）　84.（×）
85. （×）　86.（√）　87.（√）　88.（×）　89.（√）　90.（×）　91.（√）
92. （√）　93.（×）　94.（√）　95.（√）　96.（×）　97.（×）　98.（√）
99. （√）　100.（√）　101.（√）　102.（×）　103.（√）　104.（√）　105.（√）
106. （×）107.（√）108.（√）109.（×）110.（√）111.（×）112.（√）
113. （×）114.（×）115.（√）

第三部分　安全技术知识

一、判断题

1. （×）　2.（√）　3.（√）　4.（√）　5.（×）　6.（×）　7.（√）
8. （√）　9.（×）　10.（√）　11.（√）　12.（√）　13.（√）　14.（√）
15. （√）　16.（×）　17.（×）　18.（√）　19.（√）　20.（√）　21.（√）
22. （×）　23.（√）　24.（√）　25.（√）　26.（√）　27.（√）　28.（√）
29. （×）　30.（√）　31.（×）　32.（√）　33.（×）　34.（×）　35.（√）
36. （√）　37.（√）　38.（√）　39.（×）　40.（×）　41.（×）　42.（√）
43. （√）　44.（√）　45.（√）　46.（√）　47.（√）　48.（×）　49.（√）
50. （√）　51.（×）　52.（√）　53.（×）　54.（√）　55.（√）　56.（√）
57. （√）　58.（√）　59.（×）　60.（√）　61.（√）　62.（×）　63.（×）
64. （√）　65.（√）　66.（√）　67.（√）　68.（×）　69.（×）　70.（√）
71. （×）　72.（√）　73.（√）　74.（√）　75.（√）　76.（√）　77.（×）
78. （√）　79.（√）　80.（√）　81.（√）　82.（√）　83.（×）　84.（×）
85. （√）　86.（√）　87.（×）　88.（√）　89.（√）　90.（×）　91.（×）
92. （√）　93.（×）　94.（√）　95.（√）　96.（√）　97.（√）　98.（×）
99. （×）　100.（√）　101.（×）　102.（√）　103.（×）　104.（×）　105.（√）
106. （√）107.（√）108.（√）109.（×）110.（√）111.（√）112.（√）
113. （×）114.（√）115.（√）116.（√）117.（×）118.（√）119.（×）
120. （×）121.（×）122.（√）123.（√）124.（×）125.（√）126.（√）
127. （√）128.（√）129.（√）130.（√）

二、单选题

1. （A）　2.（B）　3.（C）　4.（A）　5.（D）　6.（B）　7.（B）

8.（B）　9.（C）　10.（A）　11.（B）　12.（B）　13.（C）　14.（A）
15.（A）　16.（B）　17.（A）　18.（B）　19.（B）　20.（B）　21.（A）
22.（A）　23.（C）　24.（B）　25.（A）　26.（C）　27.（D）　28.（A）
29.（C）　30.（C）　31.（B）　32.（B）　33.（B）　34.（B）　35.（B）
36.（B）　37.（B）　38.（B）　39.（B）　40.（B）　41.（A）　42.（C）
43.（B）　44.（B）　45.（B）　46.（A）　47.（B）　48.（C）　49.（A）
50.（B）　51.（C）　52.（B）　53.（C）　54.（C）　55.（B）　56.（A）
57.（A）　58.（A）　59.（B）　60.（D）　61.（C）　62.（A）　63.（A）
64.（C）　65.（C）　66.（B）　67.（B）　68.（B）　69.（C）　70.（A）
71.（B）　72.（B）　73.（A）　74.（A）　75.（A）　76.（C）　77.（B）
78.（A）　79.（A）　80.（A）　81.（A）　82.（A）　83.（A）　84.（B）
85.（B）　86.（B）　87.（C）　88.（A）　89.（A）　90.（B）　91.（A）
92.（A）　93.（B）　94.（B）　95.（A）　96.（B）　97.（B）　98.（A）
99.（A）　100.（A）　101.（C）　102.（C）　103.（A）　104.（D）　105.（C）
106.（B）　107.（B）　108.（A）　109.（C）　110.（B）　111.（B）　112.（C）
113.（A）　114.（C）　115.（B）　116.（A）　117.（B）　118.（A）　119.（D）
120.（A）　121.（B）　122.（A）　123.（C）　124.（B）　125.（D）　126.（B）
127.（B）　128.（A）　129.（A）　130.（B）　131.（B）　132.（B）　133.（B）

三、多选题

1.（ABCD）　　2.（BCD）　　3.（ABCD）　　4.（ABCDE）
5.（DE）　　6.（ADE）　　7.（ACD）　　8.（CD）
9.（CDE）　　10.（ABC）　　11.（ABC）　　12.（ABC）
13.（ABCD）　　14.（BC）　　15.（ABCDE）　　16.（ABCD）
17.（BCE）　　18.（ACD）　　19.（ABCD）　　20.（AC）
21.（ABD）　　22.（BD）　　23.（BCDE）　　24.（ABCDE）
25.（ABCDE）　　26.（ABC）　　27.（ABD）　　28.（ABC）
29.（ABCD）　　30.（ABC）　　31.（ABC）　　32.（BCDE）
33.（ABCDE）　　34.（BCDE）　　35.（AE）　　36.（BC）
37.（ABCD）　　38.（ABCE）　　39.（ACE）　　40.（ABD）
41.（ABC）　　42.（ABCE）　　43.（ACDE）　　44.（ABCDE）
45.（ABCD）　　46.（BCDE）　　47.（BCD）　　48.（BCDE）
49.（ABCE）　　50.（ABCDE）　　51.（DE）　　52.（ABD）
53.（BCD）　　54.（ABCD）　　55.（ACD）　　56.（ABCD）
57.（CD）　　58.（ACE）　　59.（CD）　　60.（ABCD）
61.（ABCD）　　62.（ABC）　　63.（AB）　　64.（ABC）
65.（BCD）　　66.（BDEF）　　67.（BD）　　68.（ADE）
69.（ABC）　　70.（ACD）　　71.（ABC）　　72.（BCDE）
73.（BCDE）　　74.（CDE）　　75.（ABC）　　76.（ABCD）

77.（AB）　　78.（ABCD）　　79.（ABF）　　80.（ACDE）
81.（BCD）　　82.（BCE）　　83.（BCE）　　84.（BD）
85.（ABD）　　86.（AC）　　87.（ABD）　　88.（ABCDE）
89.（ABC）

采　煤　机

今日煤海非寻常，机组采煤隆隆响。
千米井下采煤忙，乌金滚滚在流淌。

每次上机采煤前，检查工作要周全。
安全出口要通畅，机窝机道平敞宽。

煤壁刮板与支架，不容隐患暗中藏。
事故消灭在萌芽，细查机组保安康。

注油润滑要过滤，防止杂物入油箱。
滚筒截齿有缺损，补齐更换在现场。

先断电、后检修，必须铭记在心头。
拔插销、换截齿，带电作业必制止。

检修打开离合器，机器运转要关闭。
严防触电天天记，还须注意护机器。
机组正常运转时，还须细听机车响。
提高警惕保安全，认真工作不遭殃。

机组工作完毕后，护机保安清现场。
操作把手控制器，一律转到零位挡。

参 考 文 献

[1] 国家安全生产监督管理总局，国家煤矿安全监察局．煤矿安全规程［M］．北京：煤炭工业出版社，2011.

[2] 李玉林，等．煤矿机械［M］．北京：煤炭工业出版社，2007.

[3] 刘春生，等．滚筒式采煤机理论设计基础［M］．徐州：中国矿业大学出版社，2003.

[4] 张凤杰，等．采煤机操作工［M］．徐州：中国矿业大学出版社，2011.

编　后　记

　　《特种作业人员安全技术培训考核管理规定》（国家安全生产监督管理总局令第 30 号　2010 年 5 月 24 日）发布后，黑龙江省煤炭生产安全管理局非常重视，结合黑龙江省煤矿企业特点和煤矿特种作业人员培训现状，决定编写一套适合本省实际的煤矿特种作业人员安全培训教材。时任黑龙江省煤炭生产安全管理局局长王权和现任局长刘文波都对教材编写工作给予高度关注，为教材编写工作的顺利完成提供了极大的支持和帮助。

　　在教材的编审环节，编委会成员以职业分析为依据，以实际岗位需求为根本，以培养工匠精神为宗旨。严格按照煤矿特种作业安全技术培训大纲和安全技术考核标准，将理论知识作为基础，把深入基层的调查资料作为依据，努力使教材体现出教、学、考、用相结合的特点。编委会多次召开研讨会，数易其稿，经全体成员集中审定，形成审核稿，并请煤炭行业专家审核把关，完成了这套具有黑龙江鲜明特色的煤矿特种作业人员安全培训系列教材。

　　本套教材的编审得到了黑龙江龙煤矿业控股集团有限责任公司、黑龙江科技大学、黑龙江煤炭职业技术学院、七台河职业学院、鹤岗矿业集团有限责任公司职工大学等单位的大力支持和协助，在此表示衷心感谢！由于本套教材涉及多个工种的内容，对理论与实际操作的结合要求高，加之编写人员水平有限，书中难免有不足之处，恳请读者批评指正。

《黑龙江省煤矿特种作业人员安全技术培训教材》

编　委　会

2016 年 5 月

图书在版编目（CIP）数据

煤矿采煤机操作工/张凤东，郝万年主编. --北京：煤炭
工业出版社，2016

黑龙江省煤矿特种作业人员安全技术培训教材

ISBN 978 - 7 - 5020 - 4506 - 7

Ⅰ. ①煤⋯ Ⅱ. ①张⋯ ②郝⋯ Ⅲ. ①采煤机—驾驶员—
安全培训—教材 Ⅳ. ①TD421. 6

中国版本图书馆 CIP 数据核字（2014）第 087284 号

煤矿采煤机操作工

（黑龙江省煤矿特种作业人员安全技术培训教材）

主　　编	张凤东　郝万年
责任编辑	李振祥　闫　非
编　　辑	刘　鹏
责任校对	孔青青
封面设计	王　滨

出版发行　煤炭工业出版社（北京市朝阳区芍药居 35 号　100029）

电　　话　010 - 84657898（总编室）

　　　　　010 - 64018321（发行部）　010 - 84657880（读者服务部）

电子信箱　cciph612@ 126. com

网　　址　www. cciph. com. cn

印　　刷　北京玥实印刷有限公司

经　　销　全国新华书店

开　　本　787mm × 1092mm$^1/_{16}$　印张　12$^1/_2$　字数　287 千字

版　　次　2016 年 9 月第 1 版　2016 年 9 月第 1 次印刷

社内编号　7381　　　　　　　定价　31.00 元